手缝零钱包

一次学会35个基本&百搭不败款

李爱田　王雯霞　著

河南科学技术出版社
·郑州·

作者简介

李爱田

积累了十余年拼布创作的经验，现任编梦游布拼布工作室负责人，创作融合传统技巧与创意想象，希望每一个走进拼布的人，都能感受到拼布背后的幸福。平日除了在自己的工作室教学外，也在许多地方担任讲师。著有《新款手作拼布包》、《我的手做拼布包包》、《简单手缝布杂货》、《红花布创意手做》。

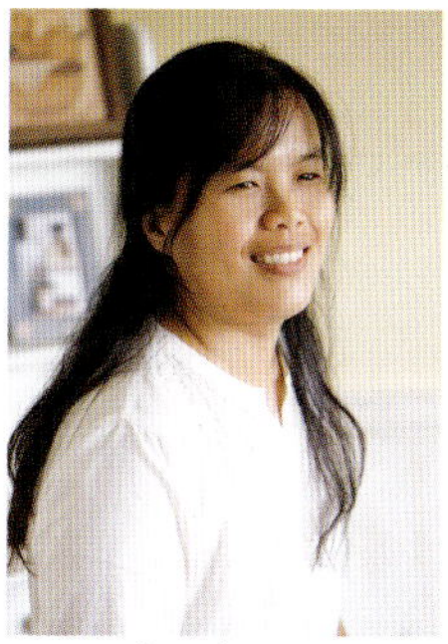

王雯霞

拥有十多年的拼布经验，因美工专业背景，制作上强调作品创意与优雅感，喜欢尝试不同挑战。日本手艺普及协会认证拼布指导员，竹东镇立图书馆拼布班讲师，也是梦工坊拼布彩绘教学工作室负责人，著有《新款手作拼布包》、《我的手做拼布包包》、《简单手缝布杂货》、《红花布创意手做》。

小时候，常吵着要妈妈买喜欢的卡通图案零钱包，就算只是小到只能放下几个铜板，都会爱不释手。年纪稍长后，期望借助随身用品宣布脱离青涩，那些太过可爱的旧爱，逐渐被运动风的个性款式所取代。但步入社会后，又改为追求那些充斥功利的名牌商品了。

你可曾想过真正可以保留下来，又有纪念价值的包包有几个呢？有没有看到它们就会想起一些人，一些事？

现代人的生活里是不是早已失去了很多感动？不管如何，从这一刻起就跟着本书，为自己、为孩子、为至亲挚友，亲手缝制一个独一无二的作品吧！

李爱田　王雯霞

目录 Contents

A 拉链款零钱包

B 造型款零钱包

C 手提款零钱包

D 口金＆功能款零钱包

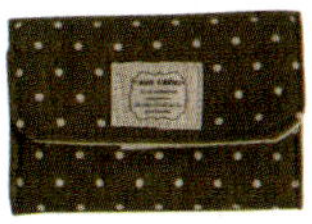

A拉链款零钱包

红白蓝乡村零钱包

艳丽活泼的色调、可爱的图案设计，
有着随性自然、活泼欢愉的美式风格。

难易度/★★★★
尺寸/高11.5 cm、长14 cm
设计/王雯霞　制作/陈素珠
做法/P82

背面是低调的深蓝色，绣上了可爱的图案与文字。

里面夹层超多，还有贴心零钱袋哦！

A拉链款零钱包

疯狂拼布零钱包

突破拼布规则图形的限制，将碎布以不规则的形状拼接起来就叫疯狂拼布，
可运用各种不同材质、花色的布料来制作，
只要将基本的疯狂拼布学会，就可以在繁简不同的作品当中进行变化了。

背面用不同颜色拼接。

难易度/★★★
尺寸/高7 cm、长9 cm、宽4 cm
设计/王雯霞　制作/王雯霞
做法/P84

A拉链款零钱包

几何图案零钱包

这款由“V”形布块拼缝而成的作品，拼缝方法简单，使用起来又很方便。喜欢简单图案的人，可以试试看。

A拉链款零钱包

爱的线轴零钱包

利用简单的直线拼接，组成多彩的袋身，
加上双面不同图案的设计，满足爱变化的乐趣。

难易度/★★★
尺寸/高9 cm、长13 cm、宽6 cm
设计/李爱田　制作/李爱田
做法/P88

随性的贴布与刺绣可依喜好创作。

A拉链款零钱包

夏威夷手机名片包

简单缝制就可以完成。可以放置手机，
依需要稍微改变夹层设计，名片、卡片通通都可以收入。

难易度/★★★
尺寸/高7.5 cm、长13 cm
设计/李爱田　制作/李爱田
做法/P90

难易度/★★
尺寸/高7 cm、长19 cm、宽6 cm
设计/王雯霞　制作/王雯霞
做法/P85

< 背面

A拉链款零钱包

笔盒式零钱包

仅用两片布就拼接完成的包包，看起来朴实、实用，如果制作时把尺寸缩小，就是小零钱包了。

难易度/★★
尺寸/高9.5 cm、长18 cm
设计/王雯霞　制作/王雯霞
做法/P92

A拉链款零钱包

纽扣花零钱包

极简的刺绣与扣子装饰于正面，搭以格子布滚边条，展现淡淡的自然悠闲的气息。

A拉链款零钱包

方与圆零钱包

规则排列的几何图形，简单又富有知性美，
为拼布作品增添更多表情。
这款的图案如果再加大些，
就可以变成一个风格独特的大包了。

难易度/★★★★
尺寸/高10 cm、长16 cm、宽5.5 cm
设计/李爱田　制作/李爱田
做法/P16

＊主要材料

4种花布(表布A)25 cm×35 cm各1片
淡色布(表布B)25 cm×30 cm1片
铺棉30 cm×30 cm1片
20 cm拉链1条

● 不同排列可变化出大小不同的袋形。

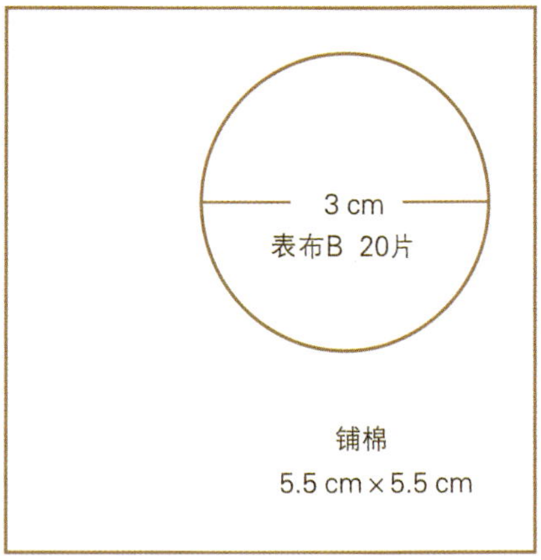

表布A 20片
11 cm×11 cm

[实物大纸型]

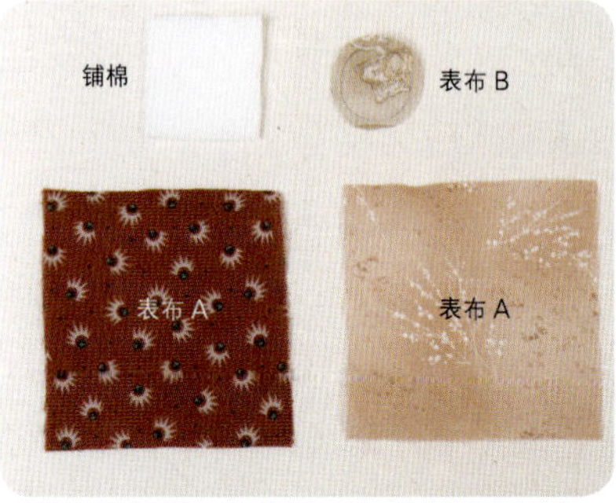

准备配件及布料。

＊制作顺序

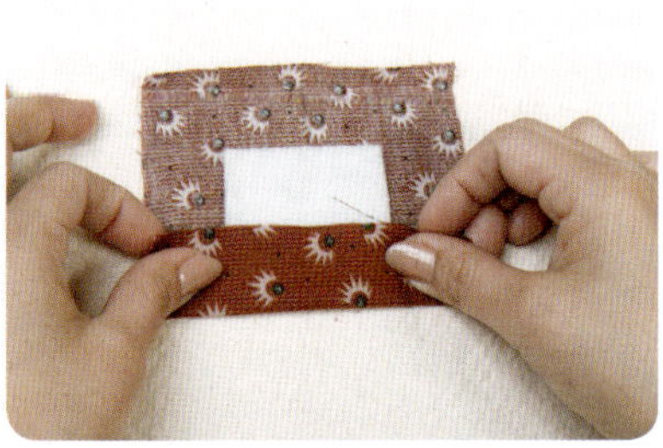

1 将铺棉放入表布 A 中，以布上下包起。

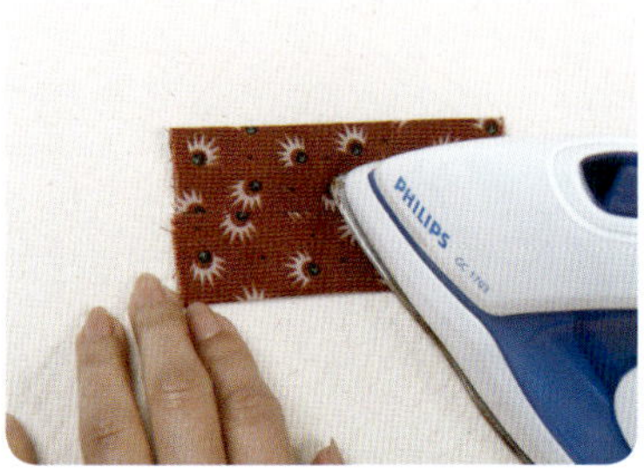

2 包好后用熨斗烫平。

3 端角如图折起并以熨斗烫整。

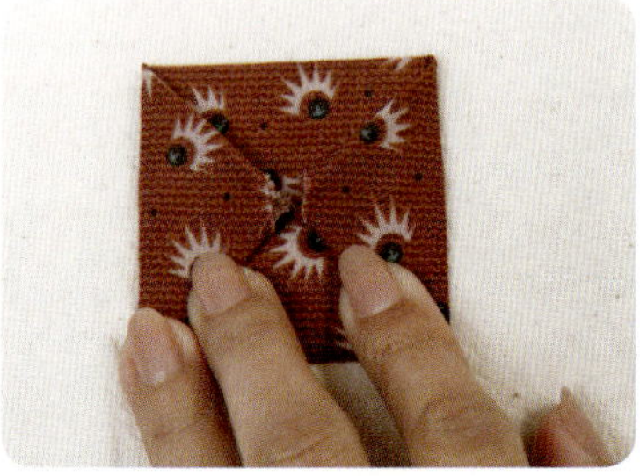

4 另一侧两端角同上述方法完成。

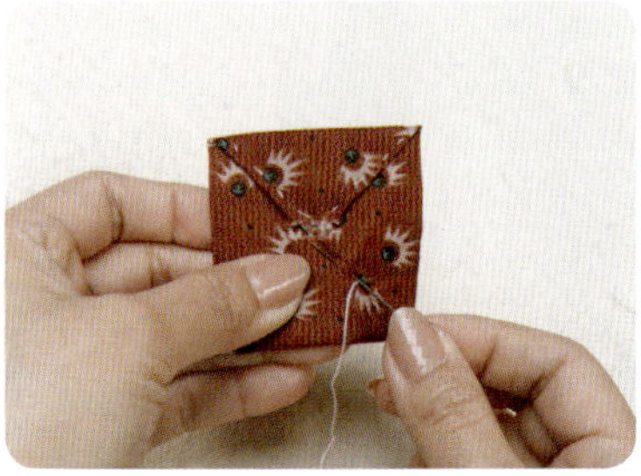

5 将折布以缝线固定。

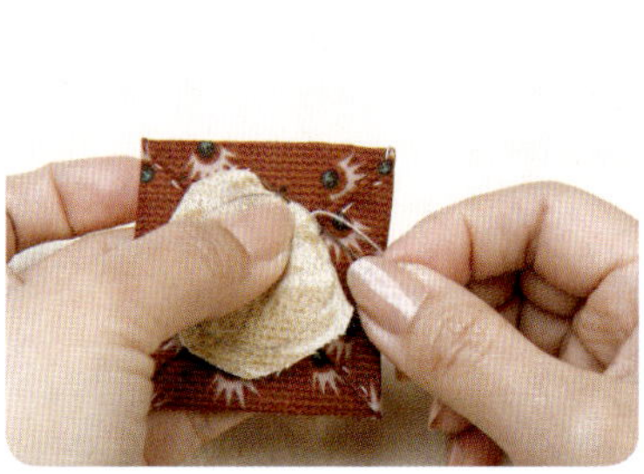

6 固定好后将表布 B 以贴布方式缝上。

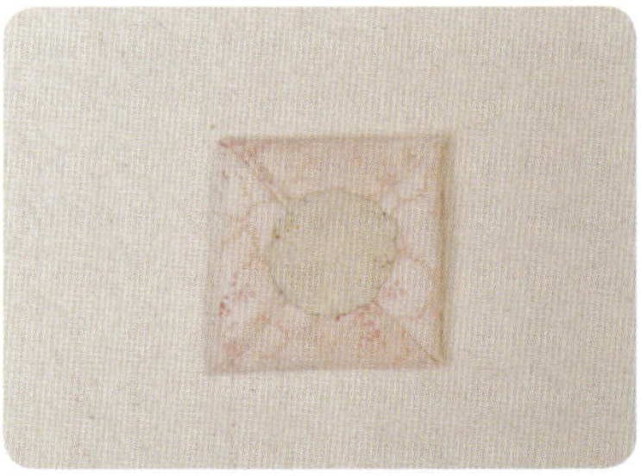

7 重复步骤 1～6，完成 20 片表布片。

8 以藏针缝将表布片两两接缝。

9 依序接缝表布片，这是背面的样子。

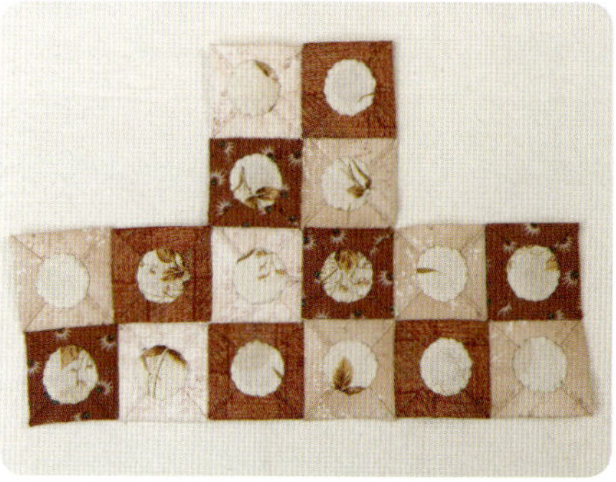

10 依序接缝表布片，这是正面的样子。

11 表布片全部接缝完成。

12 如图，开始缝合袋身边。

13 一边袋身缝合好的样子。

14 四边袋身缝合好的样子。

15 开口处缝上拉链。

16 完成。

A 拉链款零钱包

花朵贴布零钱包

可爱的花朵贴布图案一向拥有高人气，
不需要复杂的技巧，就可以制作出优雅的作品。
如果是初次尝试贴布缝，
可以先从简单的图案开始学习。

难易度/★★★
尺寸/高11 cm、长15 cm
设计/李爱田　制作/李爱田
做法/P94

弯曲的压线营造出不规则美感。

拼接组合再加上贴布图案，使包包充满自然风情。

A拉链款零钱包

手拿扁包

利用棉布、麻布等舒适天然的布料，
制作出方便出门逛街购物的扁包。
初学者只要按照制作步骤，
就可以为自己制作出一个个性化的扁包。

难易度/★★
尺寸/高11 cm、长20 cm
设计/王雯霞　制作/王雯霞
做法/P96

刺绣图案可使作品更生动哟！

难易度/★★
尺寸/高12cm、长14cm
设计/王雯霞　制作/王雯霞
做法/P22

A拉链款零钱包

蜜蜂与花刺绣零钱包

包面的设计以小蜜蜂刺绣为重点，
仿皮的口布搭配，让整体风格看起来更加别具一格。

＊主要材料

表布17 cm×27 cm1片
里布(提花布)17 cm×27 cm1片
厚布衬27 cm×32 cm1片
口布（仿皮）4 cm×13 cm2片
15 cm拉链1条
黑、白、黄色绣线各适量
3.5 mm白色缎带1小条
装饰珠少许
皮绳20 cm

＊制作顺序

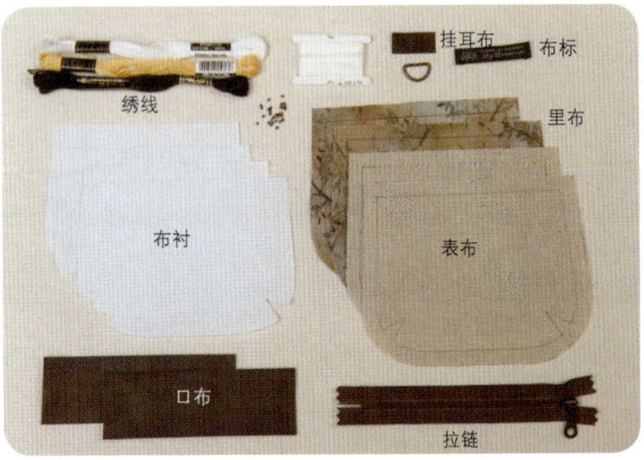

准备配件并将所有布片依纸型尺寸裁好。

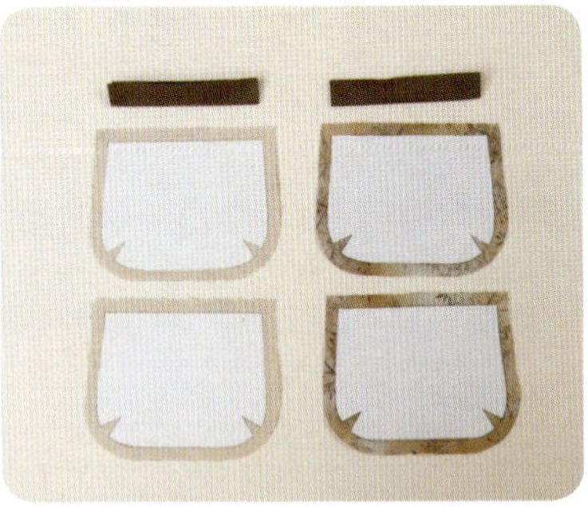

1 将表布、里布分别烫布衬，口布对折。

2 于表布上绣上图案，缝上装饰珠。

3 里布两侧袋底缝合。

4 表布两侧袋底也缝合。

5 表布正面与对折口布正面相对。

6 表布、里布正面相对，夹入拉链，缝一道线固定。

7 完成一侧拉链安装。

8 以相同方式完成另一侧拉链与袋身做组合。

9 表布、里布翻回正面，距拉链边缘0.2 cm压一道线，两侧做法相同。

10 分别将表布、里布正面相对，将挂耳布夹入，缝合四边，留一返口。

11 由返口处将作品翻回正面。

12 拉链处系上皮绳，完成。

[实物大纸型]
(外加缝份1 cm)

表布2片
里布2片
布衬4片(不留缝份)

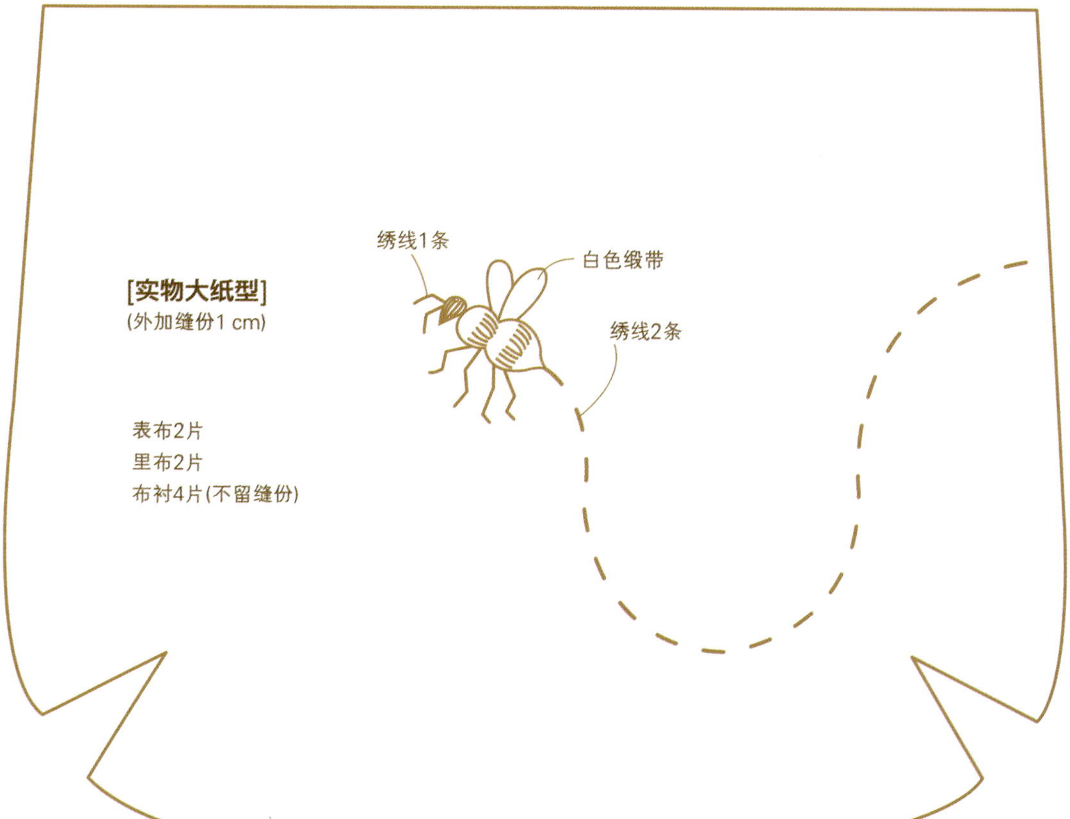

B 造型款零钱包

大耳狗零钱包

可爱的零钱包来喽！热情又俏皮的耳朵，
让人忍不住多看它两眼，出门买个小东西，
拿在手上，可爱方便又实用哦！

难易度/★★
尺寸/高约6.5 cm、长13 cm
设计/李爱田　制作/刘怡君
做法/P97

B 造型款零钱包

小脚丫零钱包

孩子气的零钱包，小小的只能放零钱，
也因为很小，所以很方便捏在手中哦。

难易度/★★★
尺寸/高约9.5 cm、长8.5 cm
设计/李爱田　制作/李爱田
做法/P100

B 造型款零钱包

苹果零钱包

除了方方正正的造型，零钱包也可以有很多变化，此款可爱的苹果形状的小包，搭配拉环与叶子装饰，饶有趣味。

B 造型款零钱包

缩口造型零钱包

浓浓的复古情怀，缩口的设计，
让包包呈现别样风情，既高雅又大方。

B 造型款零钱包

迷你束口袋

包包里面的零钱总是放得乱七八糟的，亲手缝制几个漂亮的束口袋，把零钱全都集中起来吧！还可以把这款迷你束口袋送给家人和朋友，是很贴心的礼物。

难易度/★★
尺寸/高11 cm、长13 cm、宽4 cm
设计/李爱田　制作/李爱田
做法/P102

B造型款零钱包

圆筒手拿零钱包

这一款清丽可爱的零钱包，以迷人的粉蓝或黄绿色为主色调，让拿着它的人显得可爱又迷人。

* 主要材料

表布（3种花布）18 cm × 20 cm各1片
里布15 cm × 20 cm1片
双胶铺棉15 cm × 22 cm1片
滚边布4 cm × 15 cm2片
12 cm拉链1条
4 cm包扣2个
问号钩1个

●3种花布可以任意尺寸拼接，最终接缝出所需尺寸即可。

* 制作顺序

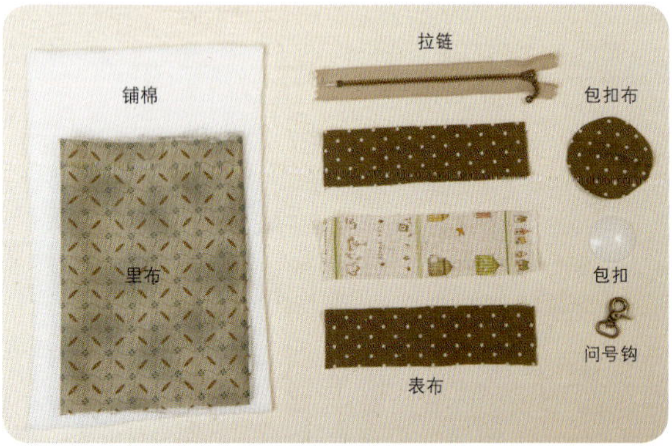

准备配件并将所有布片依纸型尺寸裁好。

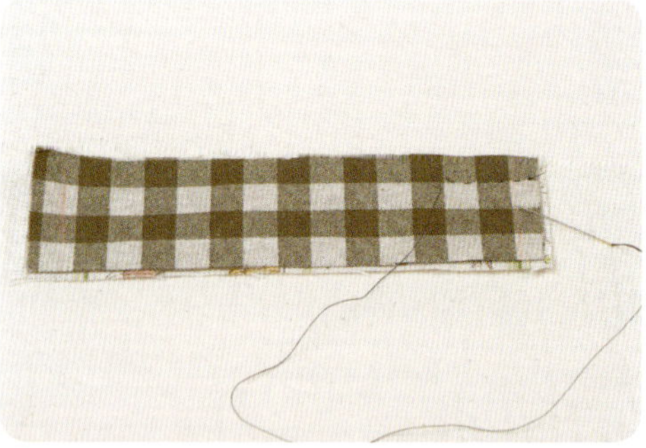

1 如图将表布正面相对，进行拼接。

2 依序将表布拼接好。

3 将拼接好的表布加铺棉及里布，烫好固定，三层一起压线。

4 表布、铺棉与里布裁边修剪，滚边布条正面相对固定，缝份1 cm。

5 滚边布条往里布收折包边。

6 以藏针缝将滚边条缝好。

7 滚边条缝制完成。

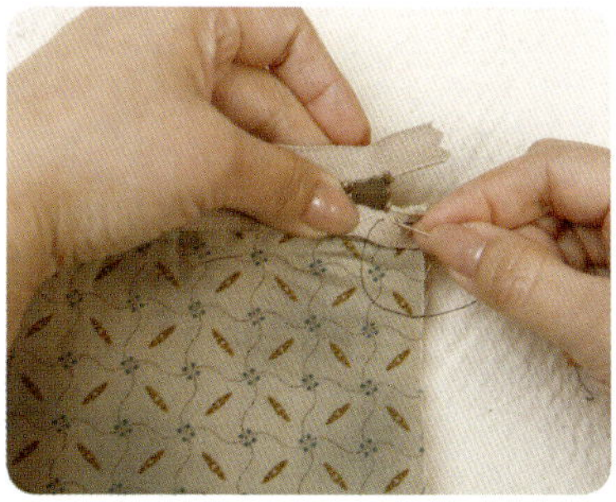

8 找出拉链中心点，以回针缝固定在袋身一侧。

9 一侧拉链固定完成。

10 另一侧拉链同上述方式固定。

11 袋身侧边缩缝。

12 最后再以交叉缝加强固定。

13 包扣放入缩缝完的圆形布片内。

14 拉紧线段，打结固定。

15 将其以藏针缝缝于袋身侧边。

16 挂耳布条两边折 1 cm，然后再对折。

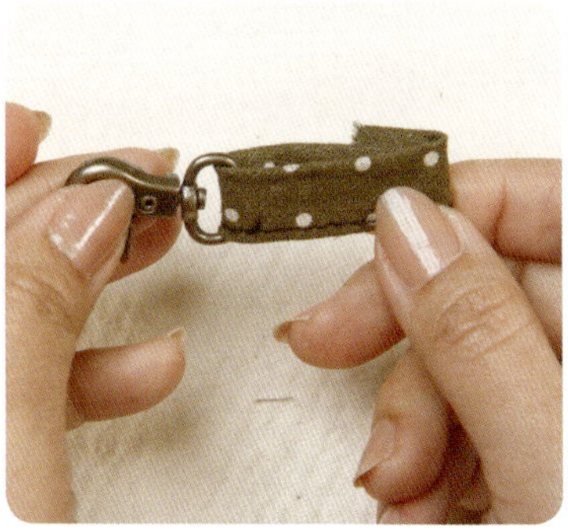

17 套在问号钩附带的 D 形环上，尾端内折收边，压线固定。

18 完成。

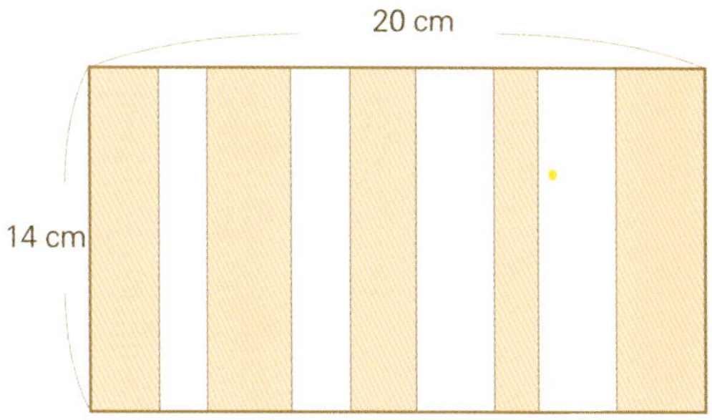

＊外加缝份1 cm

B 造型款零钱包

居家立式零钱收纳包

为生活加入一些巧思与创意，
简单改造后的零钱包，
可作为家里的小小摆饰，
带来新鲜的居家风情。

难易度/★★
尺寸/高约6 cm、长6 cm、宽9 cm
设计/李爱田　制作/李爱田
做法/P106

提手上的蝴蝶结让包包整体更添甜美。

B 造型款零钱包

中国风零钱包

季节变换，大家身上的服装造型也随之更换，
随身的零钱包当然不能一成不变，
以中国新年为主题的设计款，看起来很有味道哦。

盘扣的位置可以依喜好安排。

难易度/★★★
尺寸/高11 cm、长12 cm
设计/李爱田　制作/李爱田
做法/P101

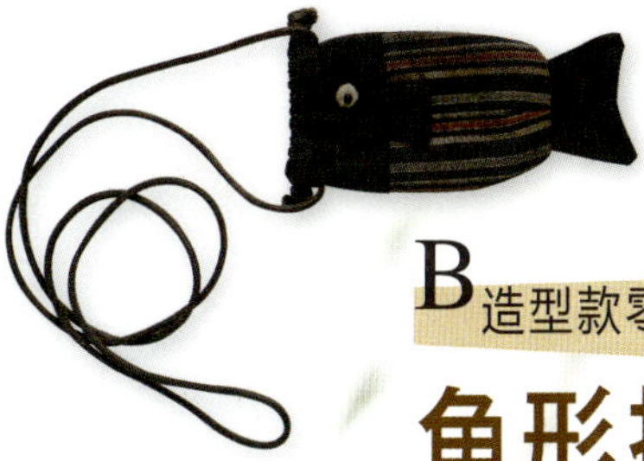

B 造型款零钱包

鱼形挂链包

可以直接挂在脖子上，
或是当钥匙包用，
不加链绳也很好看，
若是做成放大版更加漂亮。

难易度/★★
尺寸/高7 cm、长15 cm
设计/李爱田　制作/李爱田
做法/P108

C 手提款零钱包

幸运草钥匙圈包

附带钥匙圈的零钱包，
帮你管理爱在包包里乱跑的钥匙，
内侧的夹层设计，让你收纳小物、发票等更有效率。

难易度/★★★★★
尺寸/高14 cm、长13 cm
设计/王雯霞　制作/王雯霞
做法/P37

*主要材料

表布A11 cm×14 cm1片
表布B23 cm×55 cm1片
表布C10 cm×20 cm1片
黑色、红色素布5 cm×5 cm各1片
里布23 cm×55 cm1片
双胶铺棉16 cm×40 cm1片
厚布衬14 cm×22 cm1片
滚边布4 cm×85 cm1片
8 cm、30 cm拉链各1条
12mm、18mm平包扣各1个
造型扣1个
绿色、咖啡色绣线各适量
钥匙圈

*制作顺序

准备配件及布料。

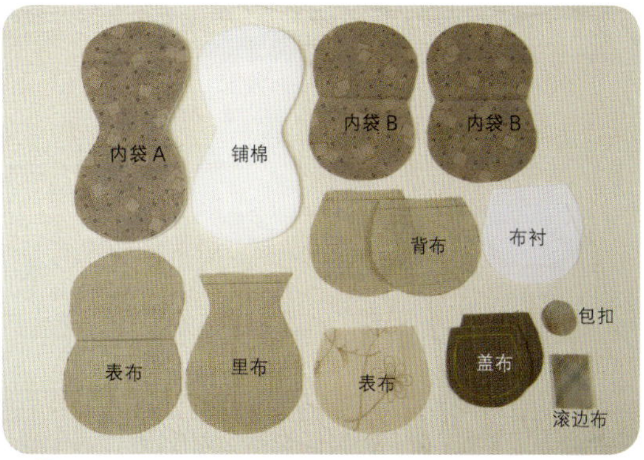

1 将所有布片、铺棉依纸型尺寸裁好。

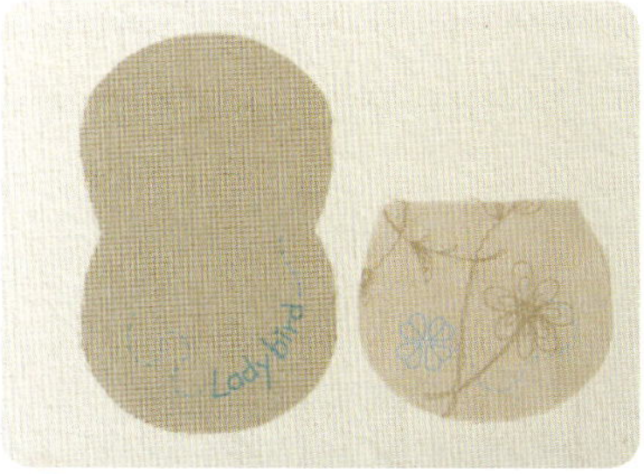

2 表布复写上图案。

3 表布背面分别烫上布衬。

4 表布正面以平针绣、鱼骨绣、轮廓绣装饰完成。

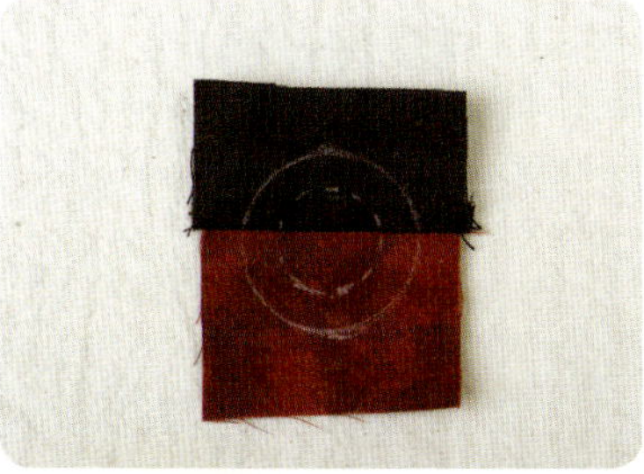

5 拼接黑色、红色素布（瓢虫表布），依纸型描下尺寸。

6 于瓢虫表布上以结粒绣绣上斑点纹路。

7 剪下布片。

8 放入包扣，以缩缝完成瓢虫的制作。包扣做法相同。

9 制作袋盖。将表布、里布与铺棉沿缝线缝合，留出上返口不缝。

10 缝份外铺棉修剪掉，上返口处铺棉也剪掉 1 cm。

11 翻回正面，返口处以藏针缝缝合。

12 内袋 A 烫上双胶铺棉。

13 内袋 B 背面相对对折，距折线 0.2 cm 压线。

14 主体布夹入拉链缝合。

15 表布分别缝上瓢虫，再与拉链缝合。

16 背面再烫上双胶铺棉。

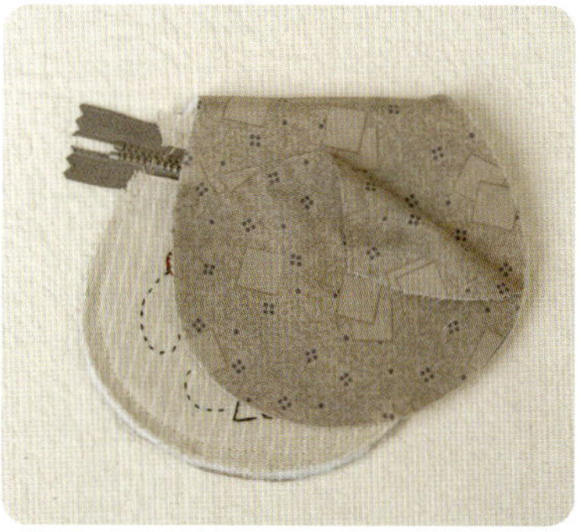

17 将内袋、表布周围以疏缝线固定。

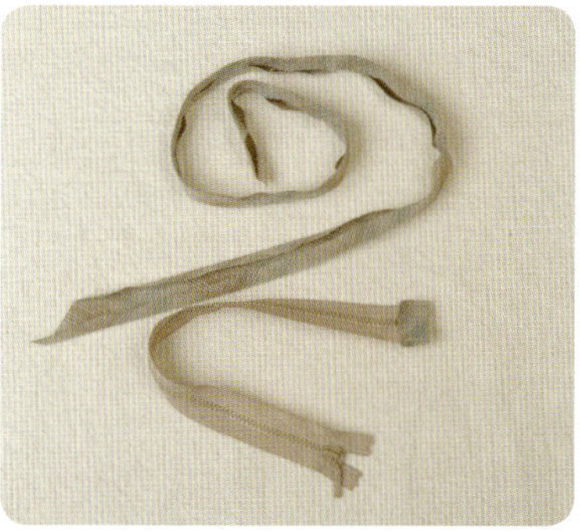

18 滚边条备好，拉链尾端包边修饰。

19 剪掉多余的拉链，不要用太好的剪刀，使用家用剪刀即可，以免损伤好剪刀心疼。

20 周围缝上滚边条，滚边时注意由直线处起头，较易处理又美观，转弯处珠针固定密些。

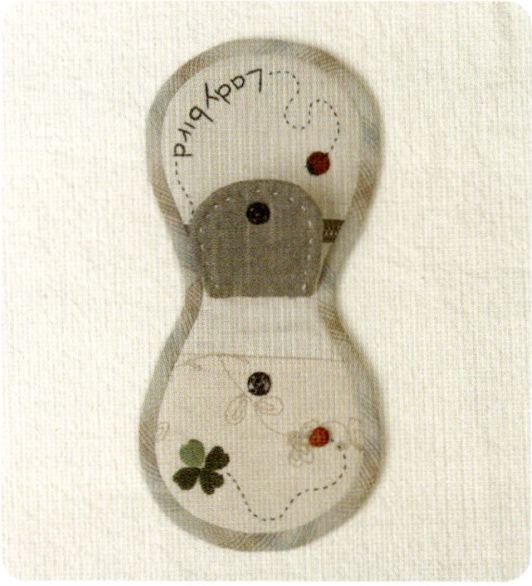

21 滚边完成后将袋盖以藏针缝缝于主体中央，并于相对位置缝上磁扣。

22 袋盖磁扣对应位置缝上包扣装饰。

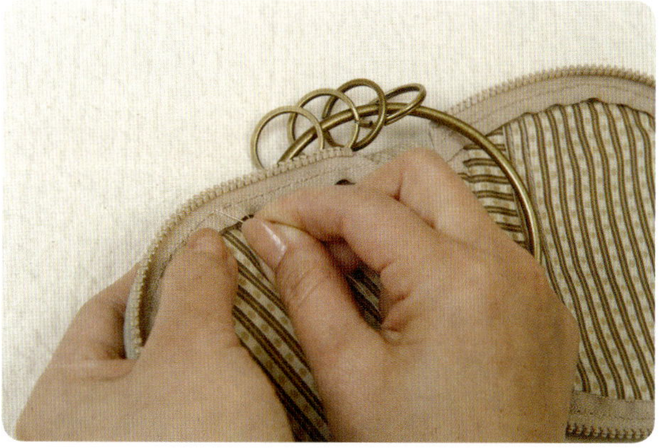

23 放入钥匙圈，缝上拉链。

24 完成。

瓢虫纸型(含缝份)
[实物大纸型]

表布A、表布B各1片(外加缝份1 cm)
布衬2片(不留缝份)
[实物大纸型]

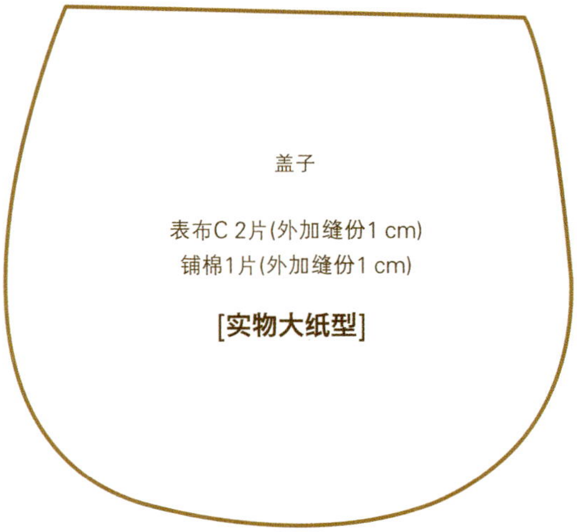
盖子
表布C 2片(外加缝份1 cm)
铺棉1片(外加缝份1 cm)
[实物大纸型]

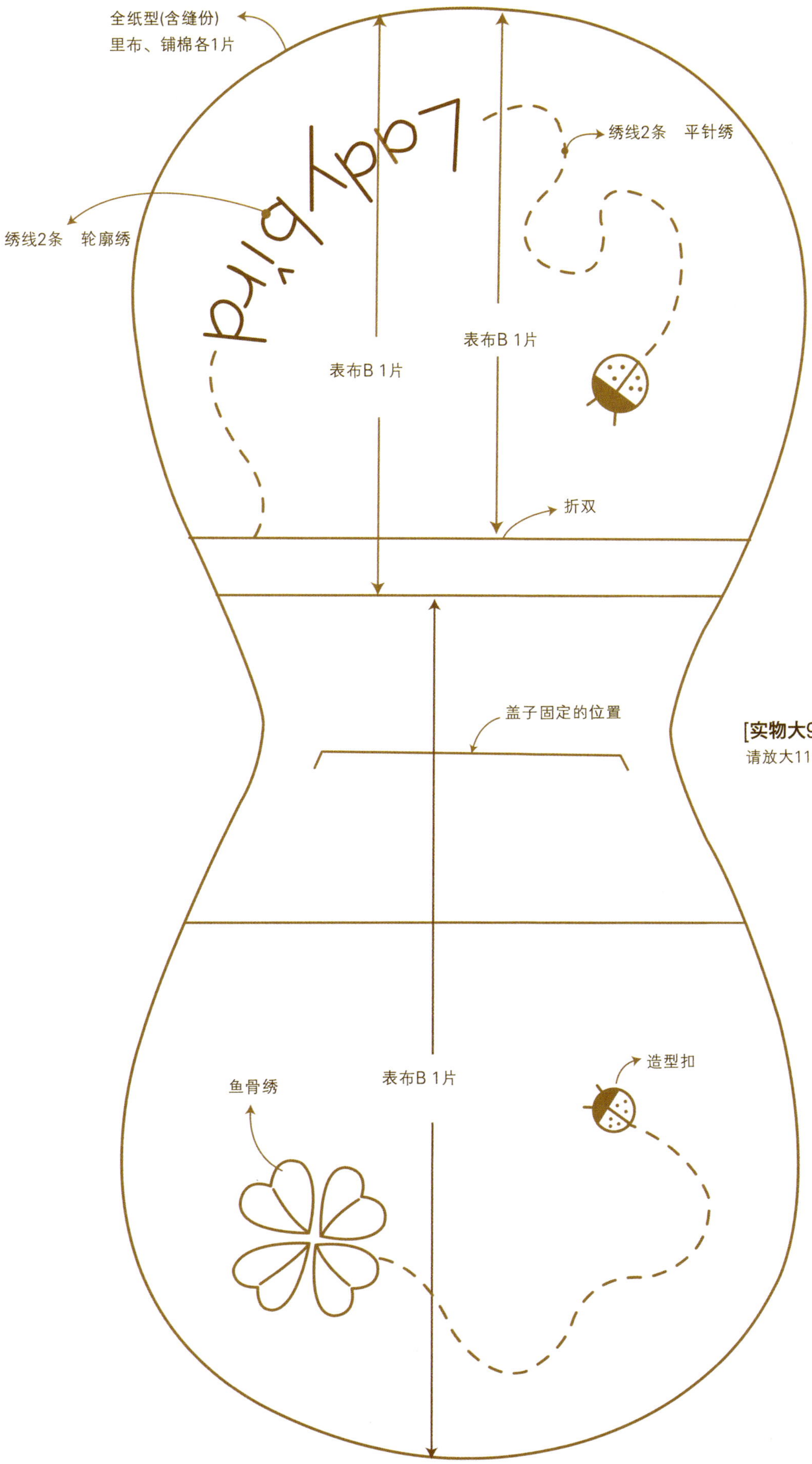

[实物大90%纸型]
请放大110%使用

C手提款零钱包

和风感手挽零钱包

采用可活动的挂耳设计，便于更换不同长度的提手或背带，
长背带可斜背，对于喜欢日系甜美打扮的人，是不可缺少的单品配件；
若不想作斜背包使用时，也可变化为简单的手提零钱包。

可以放进卡片、手机、钥匙等，“很有深度”哦！

难易度/★★
尺寸/高15cm、长17cm、宽4.5cm
设计/王雯霞　制作/王雯霞
做法/P110

C 手提款零钱包

轻便小提包

小巧的零钱包一般还需要搭配大包来收放，
以平常外出可单独携带为设计理念的话，
大容量的零钱袋方便实用，更能吸引大众目光。

难易度/★★
尺寸/高18 cm、长20 cm、宽6.5 cm
设计/王雯霞　制作/王雯霞
做法/P111

C手提款零钱包

多彩证件相机包

为自己定做一个多功能万用包，
放手机、相机、证件都可以，造型轻巧又可爱。

难易度/★★★
尺寸/高9 cm、长13 cm、宽3 cm
设计/李爱田　制作/李爱田
做法/P114

难易度/★★★
尺寸/高13.5 cm、长13.5 cm、宽5 cm
设计/李爱田　制作/李爱田
做法/P115

C手提款零钱包

轻便方形小包

简单的拼接线条，散发优雅清新的气息，
百分百棉麻选材，质感轻盈。

C手提款零钱包

多功能对折长夹

一包多用途，简单大方，多夹层设计，物品好分类。
制作时掌握选布、配色的诀窍，不用拼拼缝缝，
也能完成简单、明快又独具个人魅力的手作包。

难易度/★★★
尺寸/高11 cm、长21 cm
设计/王雯霞　制作/王雯霞
做法/P48

内部容积大，可轻松放入存折和手机，
想轻松出门办事，拿这款包就对了！

前面的多层袋可收纳多张卡片，让你一目了然！

＊主要材料

表布30 cm×55 cm1片
里布26 cm×90 cm1片
厚布衬23 cm×23 cm1片
20 cm拉链2条
D形环2个
提手1条

＊制作顺序

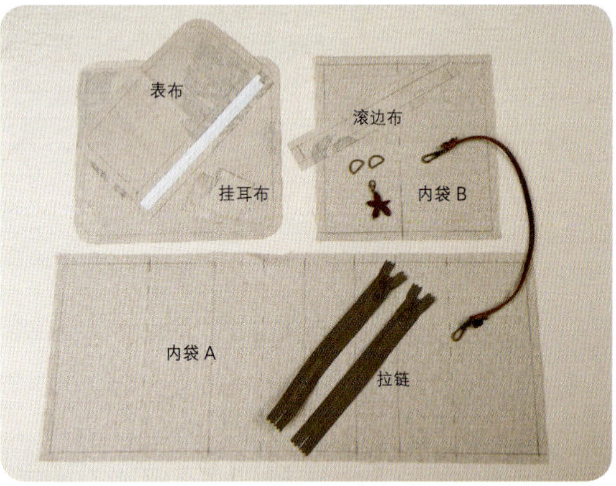

准备配件并将所有布片、布衬依纸型尺寸裁好。

1 内袋A依尺寸裁好，标示记号点，依记号点以正对正方式折好。

2 内袋B依尺寸裁好，标示记号点，依记号点以正对正方式折好。

3 表布烫上布衬，挂耳布两端各向内折1 cm。

4 内袋A居中缝上分隔线。

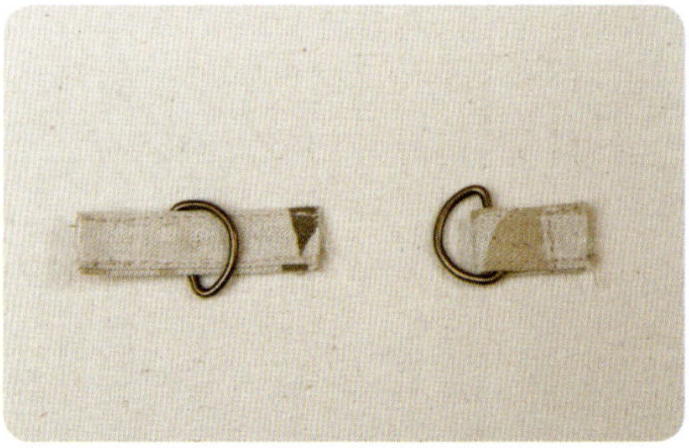

5 挂耳布再对折，上下两层用缝线固定好，再放入D形环固定。

6 表布与内袋 A 夹入拉链固定。

7 另一表布也与内袋 B 夹入拉链固定，注意应接缝 9.5 cm 侧边。

8 将步骤 6、7 所完成的部分如图相叠，夹入拉链缝合。

9 翻回正面。

10 放入挂耳布，于拉链边缝上两道压线。

11 表布、里布正面相对，四周缝合，留返口。

12 由返口处翻回正面，返口用藏针缝缝合。

13 对折袋身，两角分别点对点以藏针缝缝合。

[裁布尺寸]
单位：cm
外加缝份1 cm

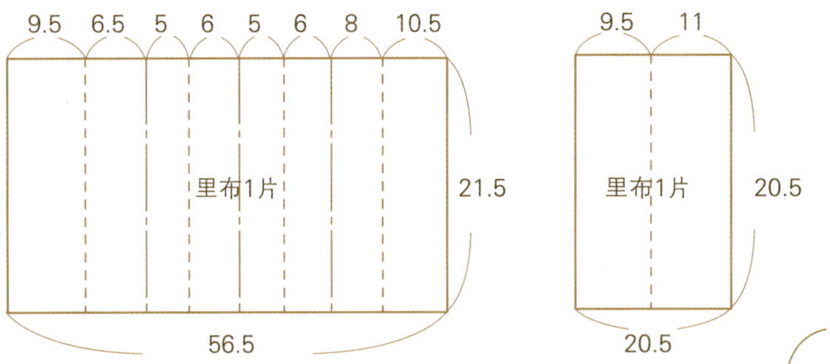

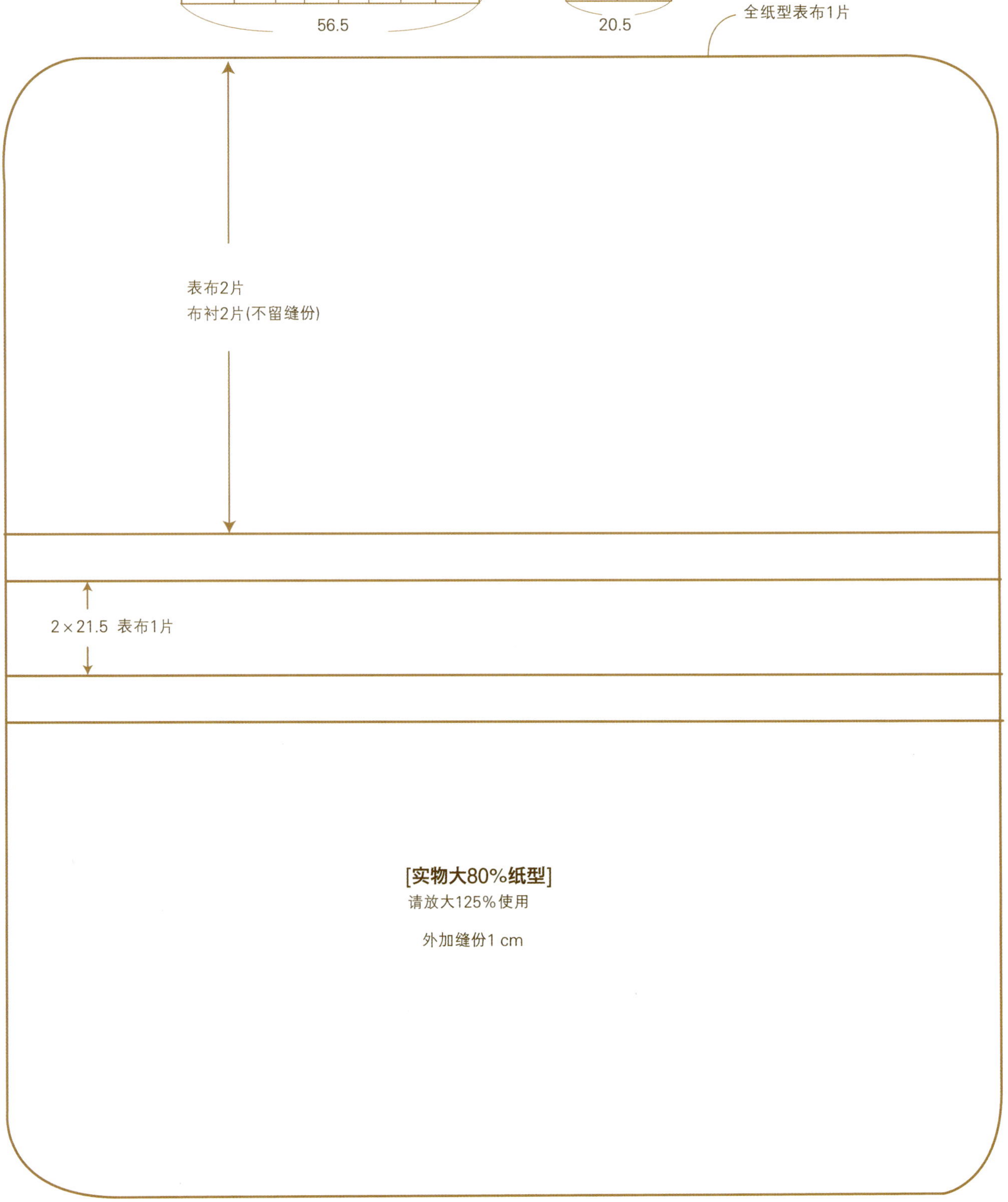

C 手提款零钱包

星条旗手提零钱包

运用零碎布片缝制而成的拼布包，
充满了温暖的原创风味，是让人爱不释手的小配件。

难易度/★★★
尺寸/高18 cm、长16 cm、宽6 cm
设计/王雯霞　制作/王雯霞
做法/P112

D口金&功能款零钱包

半圆形口金包

半圆形的复古式口金可爱又迷人，
随意地缝上曲线，简约别致，
也表现出使用者优雅迷人的气质。

难易度/★★
尺寸/高10 cm、长12 cm、宽3.5 cm
设计/王雯霞　制作/陈素珠
做法/P118

背面用布标进行创意拼贴。

难易度/★★
尺寸/高9 cm、长13 cm、宽4 cm
设计/王雯霞　制作/王雯霞
做法/P116

D口金&功能款零钱包

学院风一字口金包

口金包实用又美观，使制作者容易建立手作成就感。此款包配色采用浅嫩的色调，给人明亮的印象。

一字口金包包形典雅，初学者容易上手。

D 口金&功能款零钱包

简易式钥匙卡片包

附带钥匙圈的零钱包，可以放数张名片、银行卡等，是每天不可或缺的随身配件。

难易度/★★
尺寸/高7 cm、长10 cm
设计/李爱田　制作/李爱田
做法/P119

三折开合式钥匙包，样式简单大方。

一侧夹层、一侧束口袋，实用百分百。

D口金&功能款零钱包

玫瑰花首饰包

女孩一般都有许多小饰品，和大家一起分享充满手作感的首饰包吧！小巧、便携式的设计，可以随身将喜爱的饰品通通收入。

难易度/★★★★
尺寸/高9 cm、长12 cm
设计/李爱田　制作/李爱田
做法/P120

D口金&功能款零钱包

冂形双层口金零钱包

漂亮雅致的袋形，内外两层口金，可分别放置零钱与整钞，
更可放置卡片，方便实用。
在布上做刺绣有不同于手缝拼接的乐趣，来尝试一下吧。

难易度/★★★
尺寸/高7.5 cm、长11 cm、宽4 cm
设计/王雯霞　制作/卓秋香
做法/P122

有趣的字母图案，为个人物品增加特色。

层层分明的隔间设计，使收纳完全没有问题。

D口金&功能款零钱包

铜板包

可爱小巧的零钱包完全可以亲手打造！
只要准备好针线，就可以体验手缝的乐趣。
在长度上进行调整，也可以做出环保筷收纳袋。

背面选用深色布比较耐脏。

难易度/★
尺寸/高5.5 cm、长13 cm
设计/李爱田　制作/李爱田
做法/P124

D口金&功能款零钱包

编织口金包

光玩布料拼接觉得太无趣？不妨试试把布料变成条状编织，再制作成一个口金包，就显得有型有款。

难易度/★★★★
尺寸/高6 cm、长9.5 cm、宽5.5 cm
设计/李爱田　制作/李爱田
做法/P125

一字形三角框口金“肚量”很大哦！

D口金&功能款零钱包

双口折叠短夹

秉持实用与美观兼顾的精神，
同时加入了手作趣味，有自己的想法。
将恼人的零钱与整钞分开收纳，也不用担心跟路人撞包。

难易度/★★★★★
尺寸/高7.5 cm、长12 cm
设计/李爱田　制作/李爱田
做法/P61

*主要材料

表布A25 cm×30 cm1片
表布B、C(花朵部分)12 cm×20 cm各1片
里布30 cm×105 cm
单胶铺棉25 cm×25 cm
厚布衬30 cm×50 cm
滚边布4 cm×85 cm
10 cm口金1个
造型压扣1个

●水花的部分重叠贴缝可以表现出立体感。
如果没有造型压扣，也可以用暗扣替代。

*制作顺序

1 开始制作主体袋身。里布依尺寸裁好，标示记号点，背面烫布衬。

2 依记号点将里布以背对背方式折好。

3 翻至正面距折线 0.2 cm 压线。

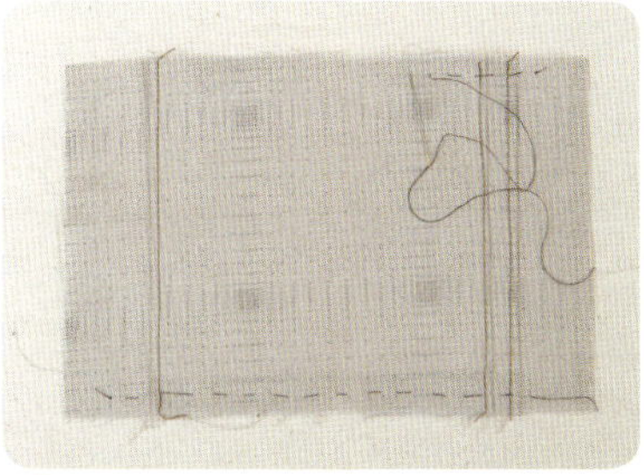

4 侧边将折好的折口疏缝固定。

5 另一侧也疏缝固定。

6 水花图案以贴布缝缝在表布上。

7 表布背面烫上铺棉。

8 表布、里布正面相对。

9 左、右两端分别接缝固定。

10 剪下缝线外多余的铺棉。

11 再翻到正面。

12 正面水花贴缝处落针压线。

13 表布、里布与铺棉疏缝固定。

14 开始制作口金部分袋身。袋身内侧布依尺寸裁好，标示记号点，背面烫布衬再依记号点以背对背方式折好。

15 水花图案以贴布缝缝于袋身外侧，背面烫上铺棉。

16 将袋身内侧布两片与袋身外侧布如图方式叠放。

17 将三布片重叠处以缝份 1 cm 缝合，注意缝好后将缝份外铺棉修剪掉。

18 如图展开，距接缝处 0.2 cm 压线。

19 侧边先与口金固定。

20 制作口金部分袋身侧边，依纸型裁剪布片。压扣部分袋身侧边做法相同。

21 将三边接缝好，留返口，翻回正面，距边缘 0.2 cm 压线。

22 如图将口金缝好。

23 口金部分袋身侧边固定于预备接缝处。

24 制作好的压扣部分袋身侧边固定于预备接缝处。

25 以滚边布将袋身四周包边。

26 滚边时起端留一小块布片折入，有修饰效果。

27 滚边时转角处以45°折布方式将布内折，有细致的美感。

28 将主体袋身与另一侧口金接合。

29 将主体袋身与口金部分袋身底部交接处以藏针缝接合。

30 将压扣部分袋身侧边与主体袋身以藏针缝接合。

31 口金部分袋身侧边也以藏针缝接合。

32 安装造型压扣。

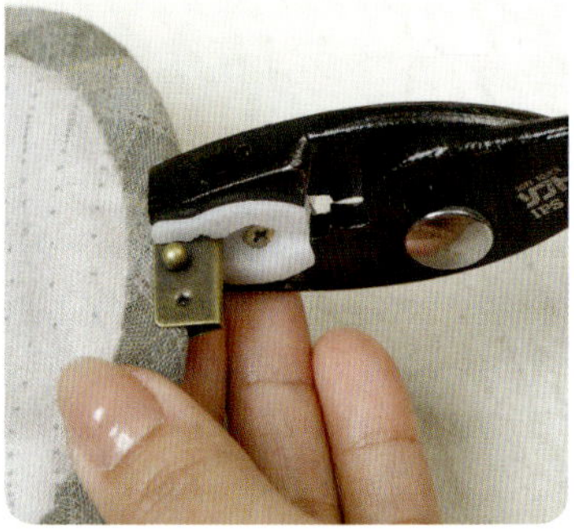

33 以钳子将压扣夹固定，注意钳子与扣子间需垫一层布或棉，避免刮伤。

34 于压扣相对位置装上同组的凹扣。

35 完成。

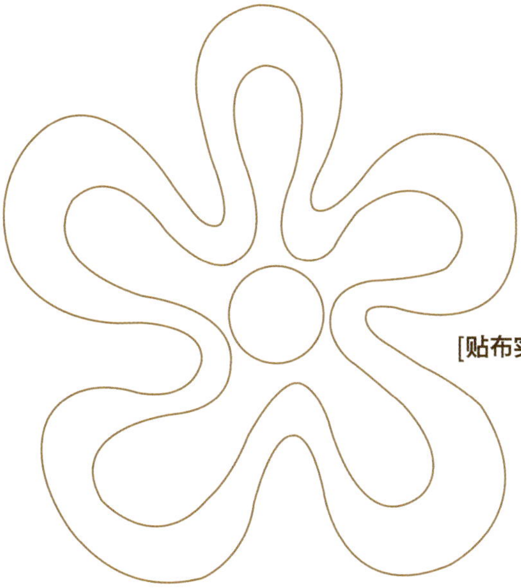

[贴布实物大纸型]

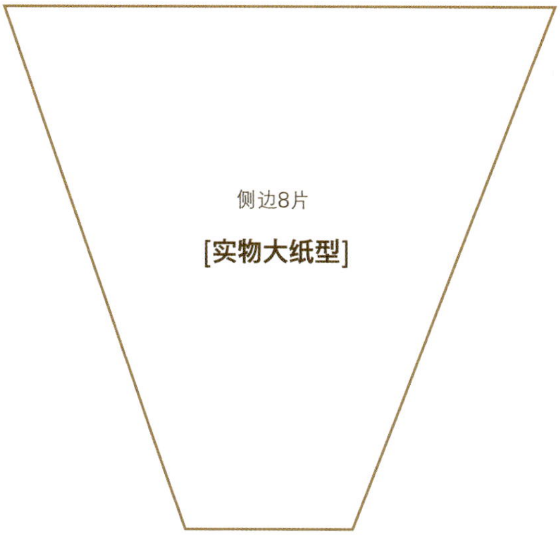

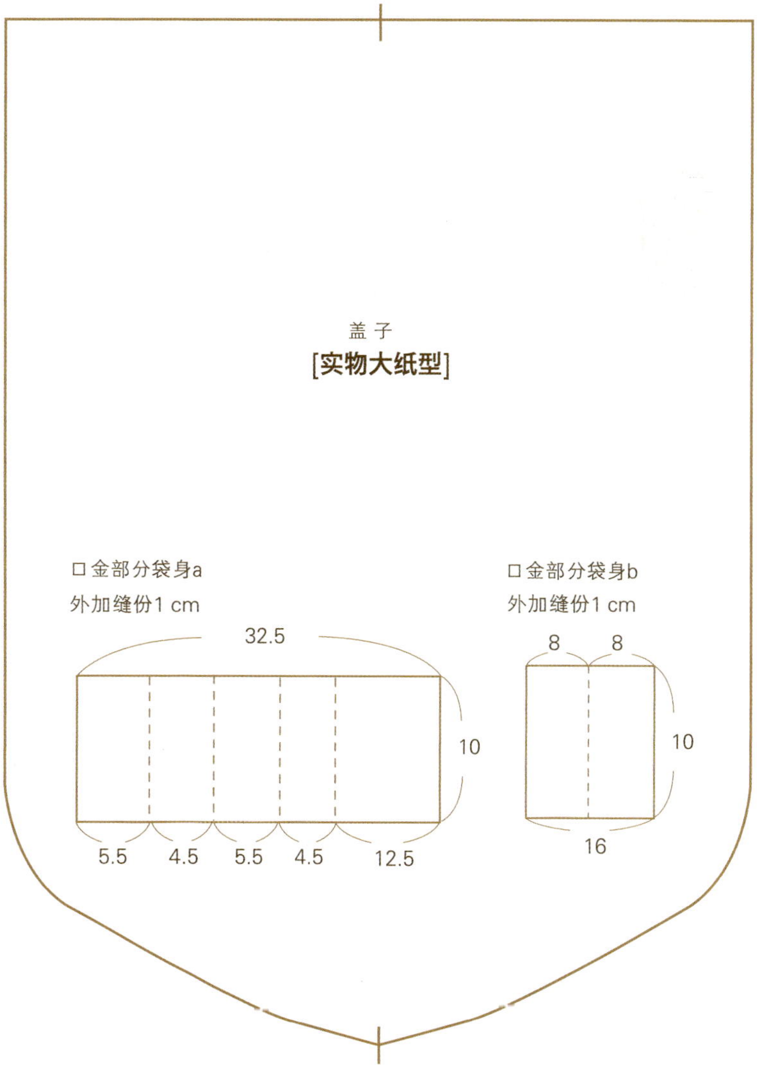

主体袋身 外加缝份1 cm

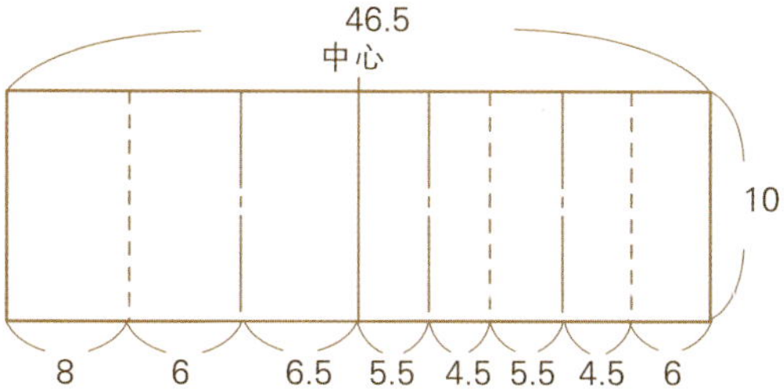

一起动手DIY（玩手工）
做出自己专属的小袋物

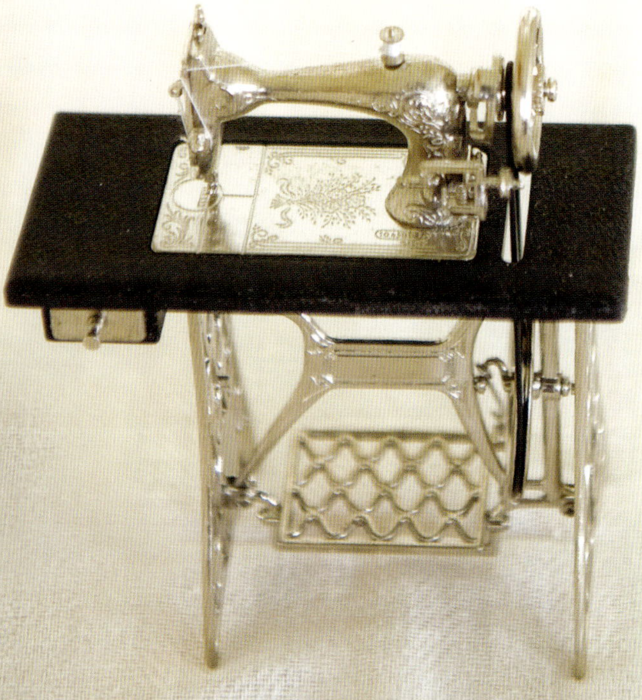

工具、材料介绍

缝线

缝线大致分为手缝线和车线，二者的差别在于制作时搓捻方向相反，如果拿车线当手缝线容易扭转纠结在一起，手缝线用作车线也容易造成机器故障。另外，线的材质种类也很多，应视个人喜好和作品欲呈现的效果来选用。

线别	功能特色
手缝线	质地较压缝线软，用于拼布手缝、衣物手缝
压缝线	表层有一层蜡，质地较硬，用于加强表布花纹或增加立体感
疏缝线	纯棉线，质地粗软，利于作品完成后拆除，又不伤作品
车 线	缝纫机专用线，线较粗、较软

缝线

综合针

综合针包含各种手缝技巧所需使用的针，如贴布针、压线针、手缝针、疏缝针等，是初学者必备的工具。

针类	功能特色
手缝针	8～9号，较软，具弹性
压线针	8～12号，较硬、较短
贴布针	针眼较细，缝出针孔较小
疏缝针	较长、较粗，用于表布、铺棉、里布三层疏缝固定
绣线针	刺绣专用，针眼较大

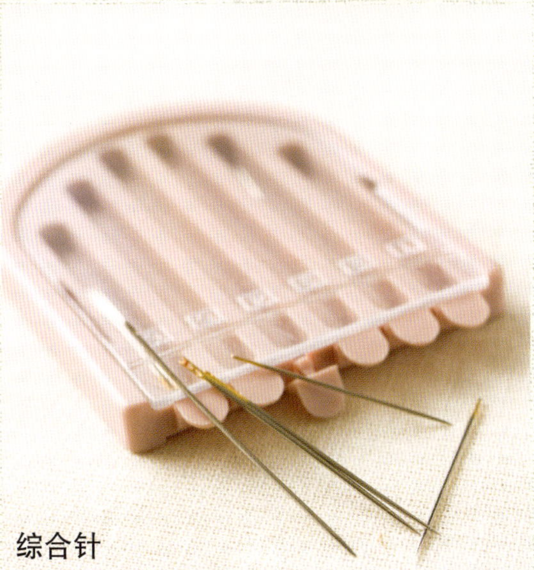

综合针

剪刀

止滑布剪：剪布时有止滑的功能，剪的布比较整齐、准确。亦有造型剪刀可剪成波浪布边。

线剪：用于修剪线头或线尾。

珠针

珠针用来固定需缝合的布片，也适用于贴布缝或细部拼接。选用针头小的，不容易损伤布片。

绣线

绣线用于刺绣装饰及压线，一条绣线是由 6 条细线组成的，有各种颜色。

记号笔

粉土笔：适用于花布或深色布，将图形画于布上，以便裁剪更准确。
消失笔：在布上做记号用，经过一段时间后记号会消失。
铅笔：用在布的背面画版型。

缝份尺

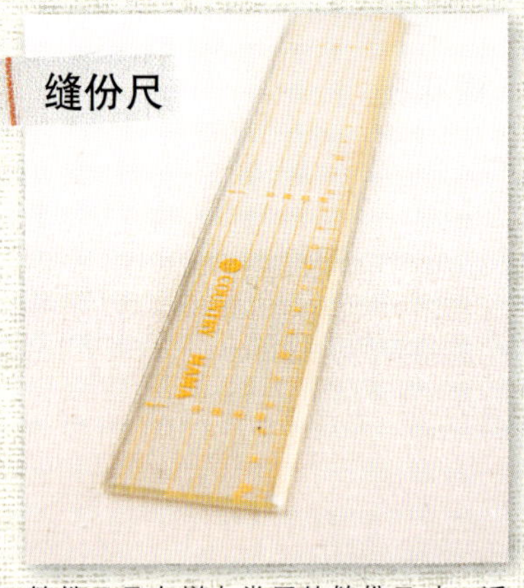

缝份尺具有拼布常用的缝份尺寸，适用于小布块，缝份较小或预留缝份时专用。

棉布

100%纯棉的布料质地较稳定，包括印花布、手染布、素色棉布等。

先染布

先把棉线或是有特殊结粒的线染好，再用它们织成布，能织出非常特殊的先染布，有几何图形、渐层、细格、条纹等样式。

铺棉

铺棉放在表布与里布中间，能增加作品厚度，经过压线后会呈现立体感。一般分为有胶及无胶两种，有胶的又分成单胶铺棉和双胶铺棉。

布衬

布衬是一种加了热熔胶的棉纱布，一般用在棉布的背面，可以使棉布更硬挺。一般作品，最好是用熨斗烫在里布的背面，避免一段时间后布衬会部分脱落而造成不美观。

滚边器

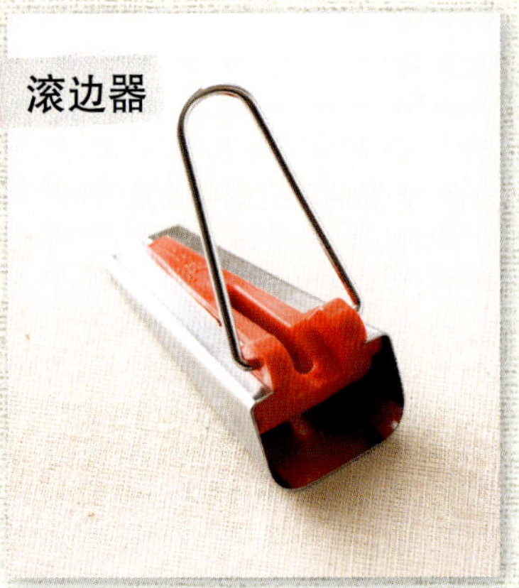

把布条套在滚边器上，搭配熨斗整烫固定，即可得到成形的滚边布条。用于特定需包边的作品。

拆线器

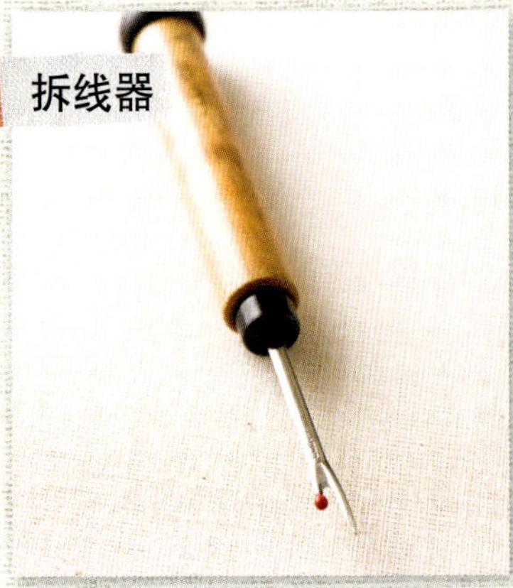

拆线器用于拆除缝合时缝错的针脚。

棉麻布

棉麻布布料弹性较平稳，包括花布和素布。

魔鬼毡

魔鬼毡用于制作提袋或包包的封口。

拉链

拉链有不同的长度和颜色，可依主体的颜色选择。

口金

口金为金属制封口，有各种尺寸可使用。

手缝式磁扣、包扣

手缝式磁扣：不会破坏袋身，是方便又实用的小配件。

包扣：有各种尺寸，方便制作圆形贴布。

复写纸

利用复写纸将图案复写在布上，再绣出想要的图案，需搭配描图纸使用。

铜扣、打孔器

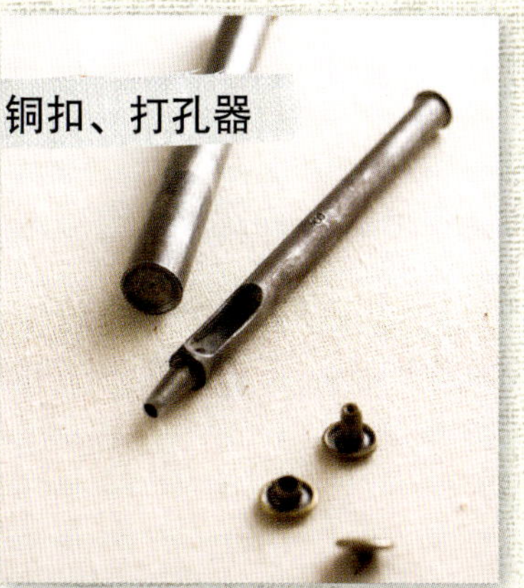

铜扣可用于固定织带提手或装饰，需配合打孔器使用。

棉绳、皮绳、麻绳

棉绳：用于束口袋束带的制作。
皮绳、麻绳：用于制作吊饰。

造型扣

造型扣用于装饰作品，可变化运用发挥创意。

基础缝纫技巧

如何打结

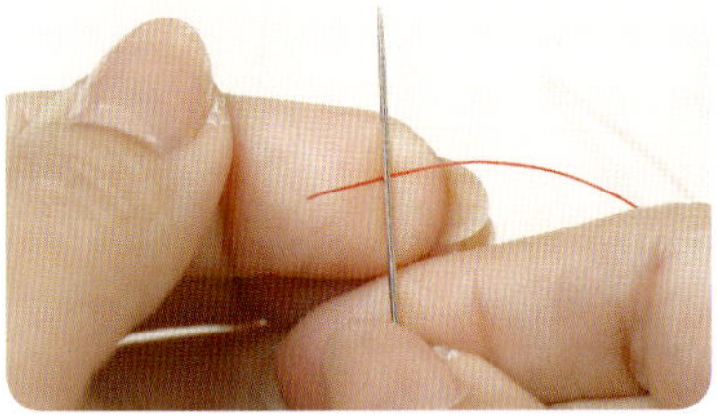

1 一手拿针，一手拿线，将线放在缝针下成垂直状。

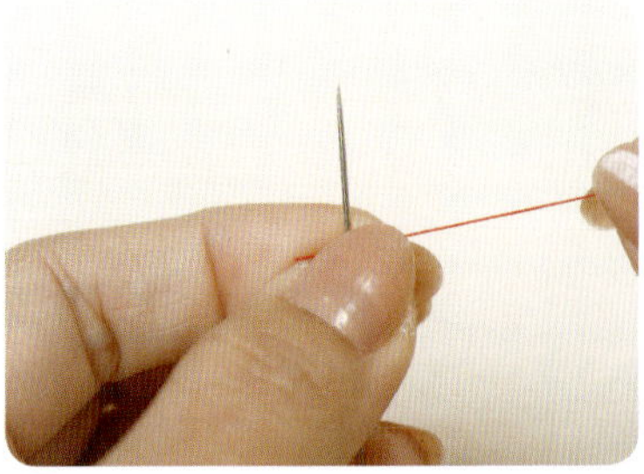

2 用拇指将线与针压住固定。

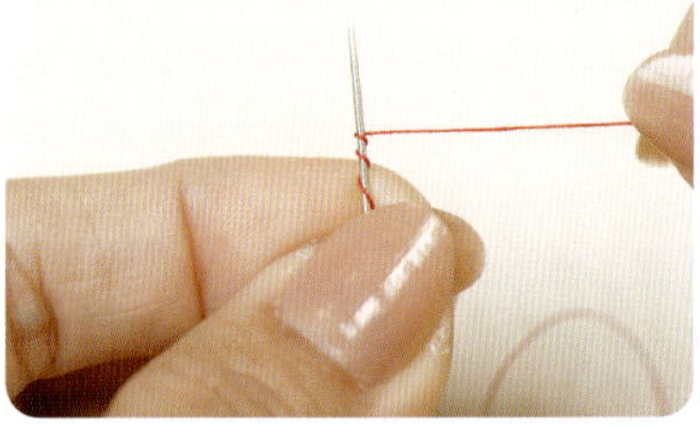

3 用缝线绕针 3 ~ 4 圈。

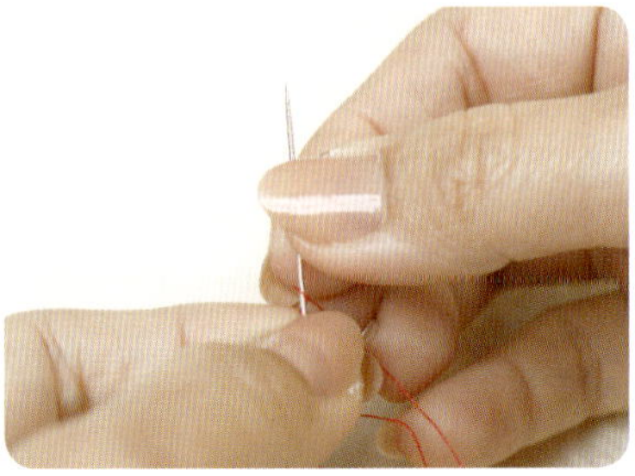

4 一手拇指与食指按住线圈，另一手手指将缝针往上拉出。

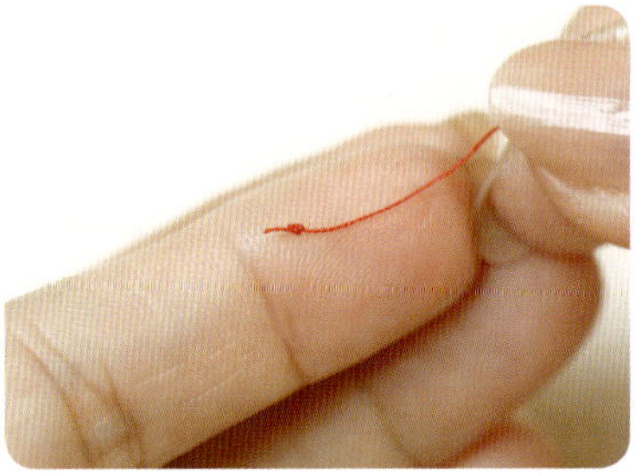

5 完成打结。

Tips

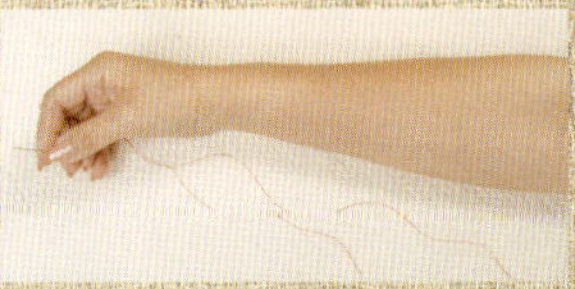

缝线太短，需换线，太长又容易缠绕在一起。以手至肘的长度为最适当的长度，在缝与拉之间都会很顺手。

常用缝法

*平针缝

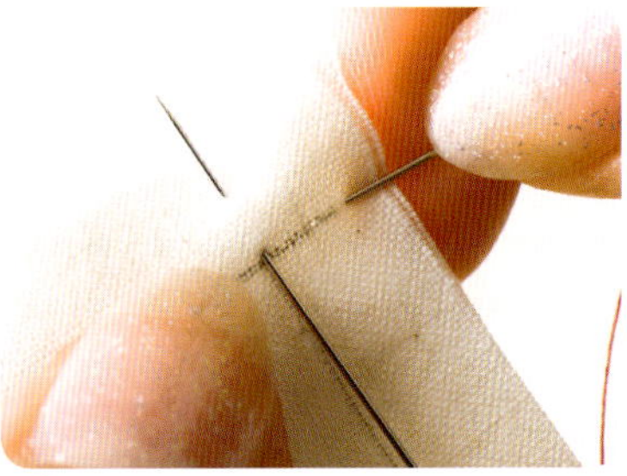

1 从记号点外 0.7 cm 处入针。

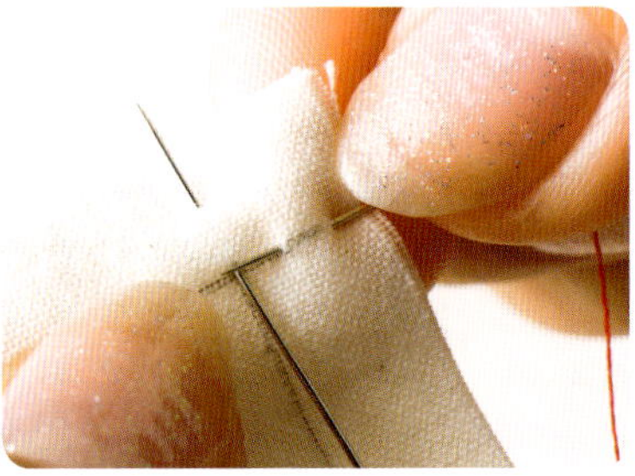

2 往前约 0.5 cm 处出针。

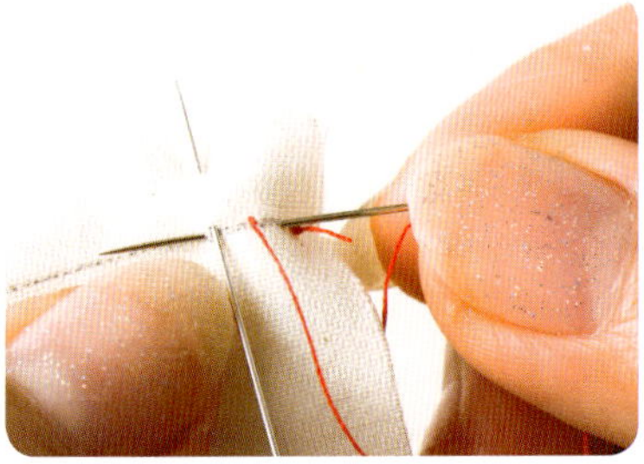

3 往后回一半(起针的前面)入针，往前从记号点出针。

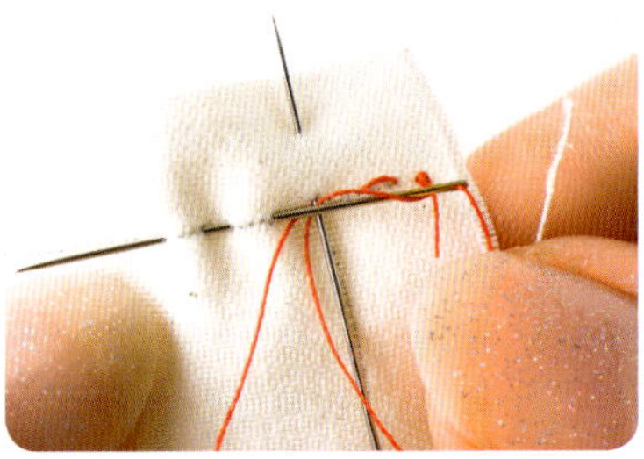

4 往前上下运针，每针针脚为 0.2 ~ 0.3 cm，2 ~ 3 针后抽针。

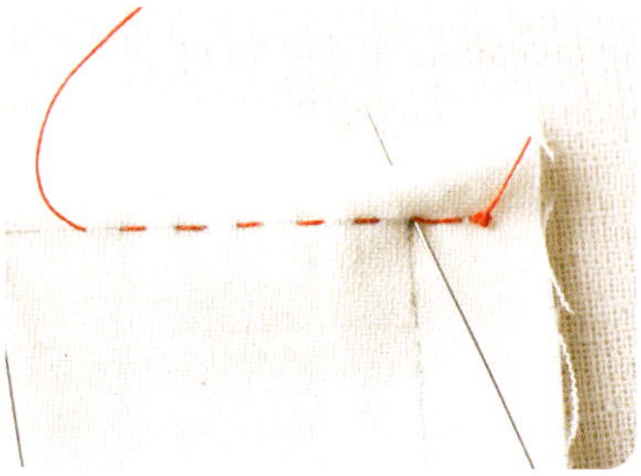

5 重复步骤 4 至缝完。

* 回针缝

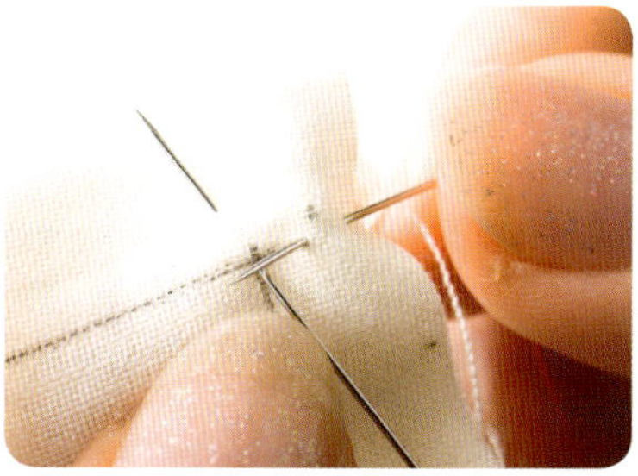

1 从记号点外 0.7 cm 处入针，往前约 0.5 cm 处出针。

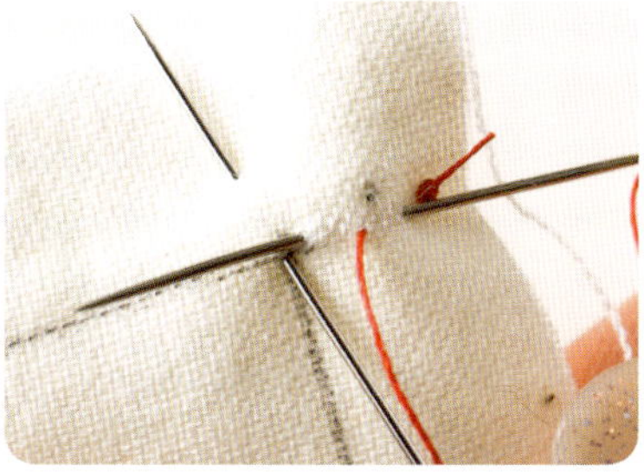

2 往后回一半（起针的前面）入针，往前从记号点出针。

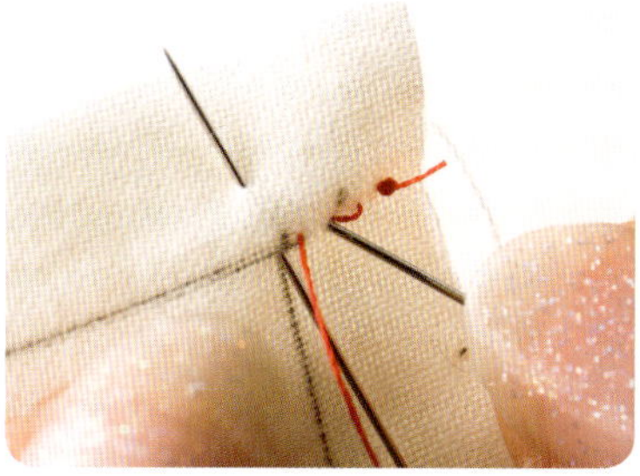

3 回到前一针尾部入针。

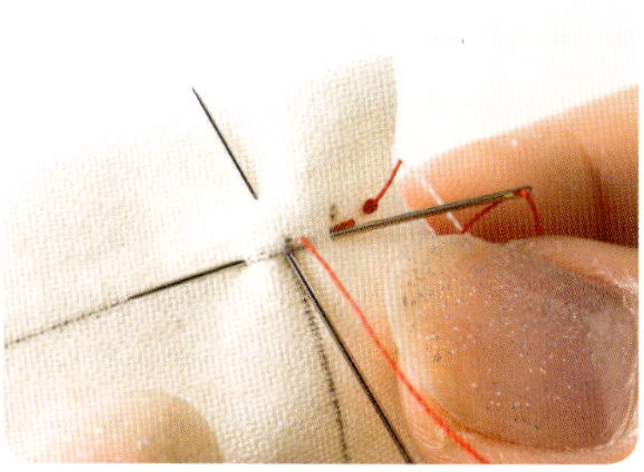

4 往前约 0.7 cm 处出针。

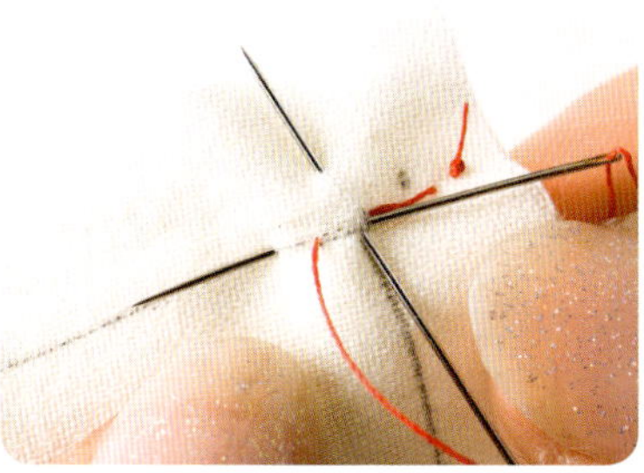

5 重复步骤 3 ~ 4。

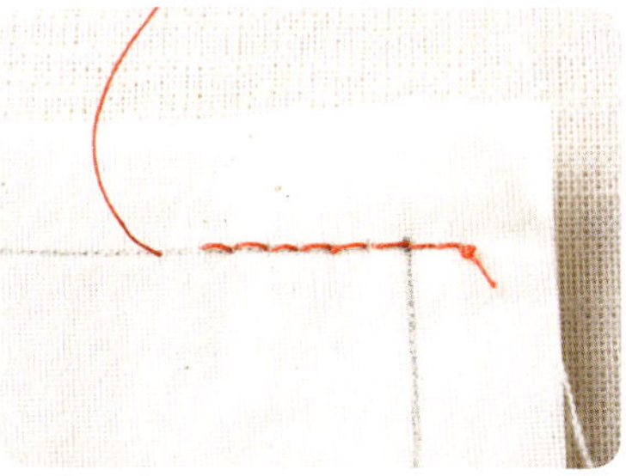

6 同法缝完。

* 藏针缝（工字缝法）

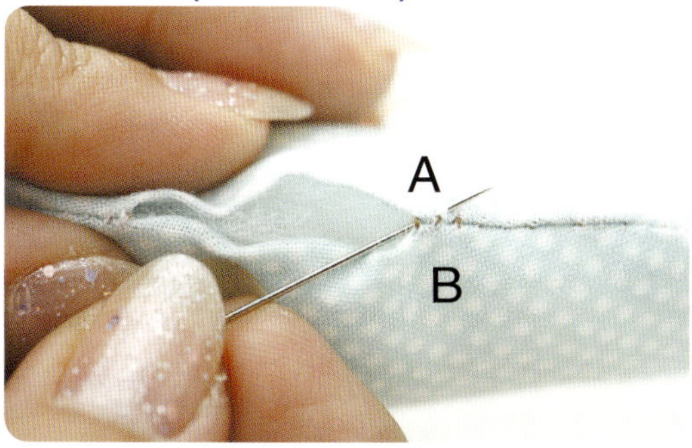

1 里侧入针，A 布表面出针。

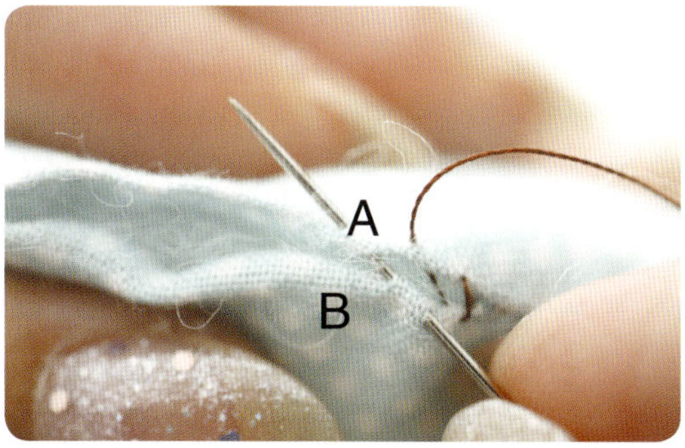

2 A 布对称位置的 B 布表面入针，于斜对角约 0.3 cm 处 A 布出针。

3 重复步骤 2。

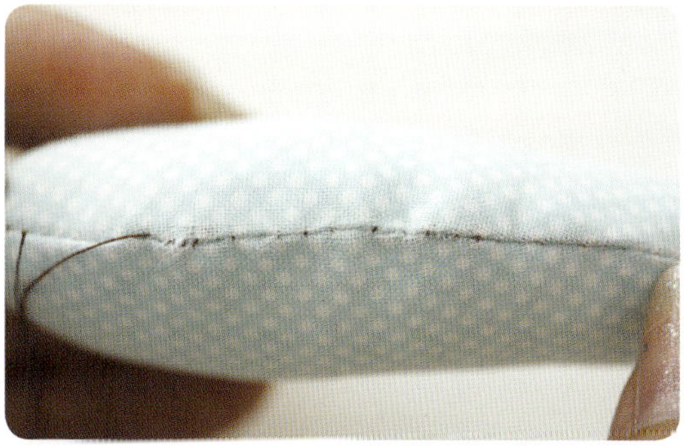

4 完成。

*贴布缝

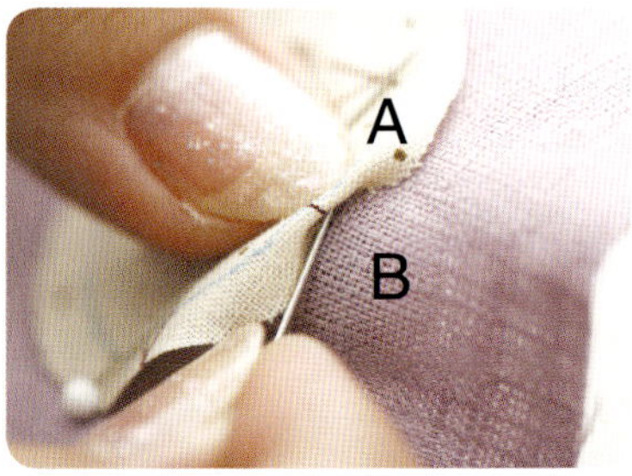

1 A 布略反折。

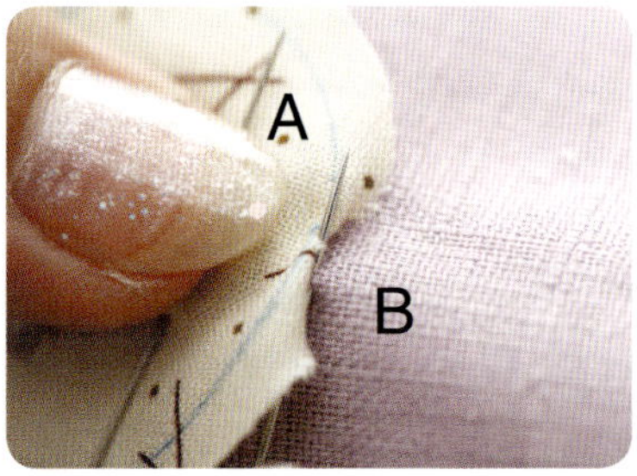

2 由 B 布入针，A 布表面出针。

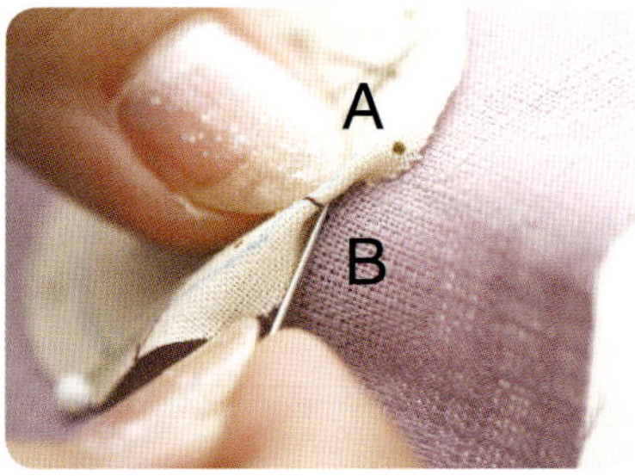

3 由 A 布对称位置 B 布入针。

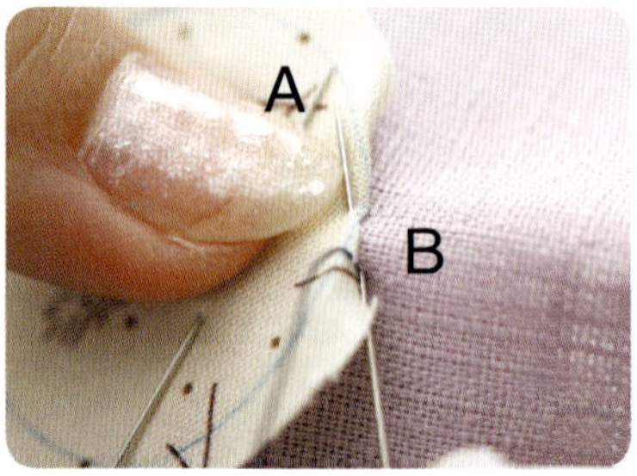

4 于斜对角约 0.3 cm 处 A 布出针。

5 重复步骤 3 ~ 4。

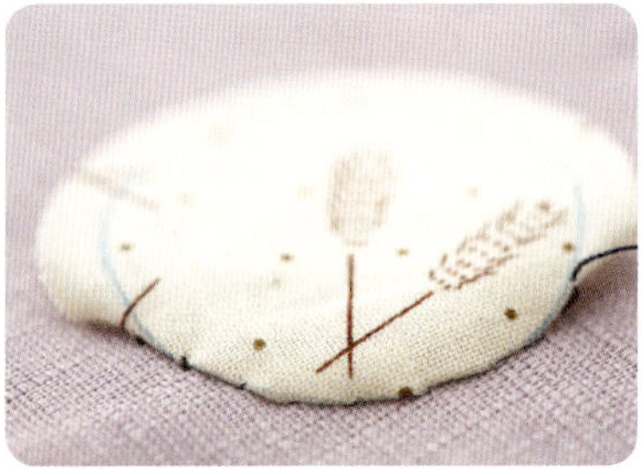

6 同法缝完。

*卷针缝

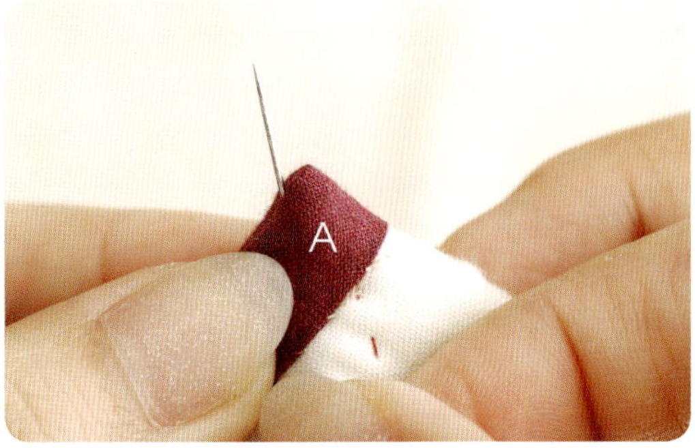

1 由 A 布起针，藏线头。

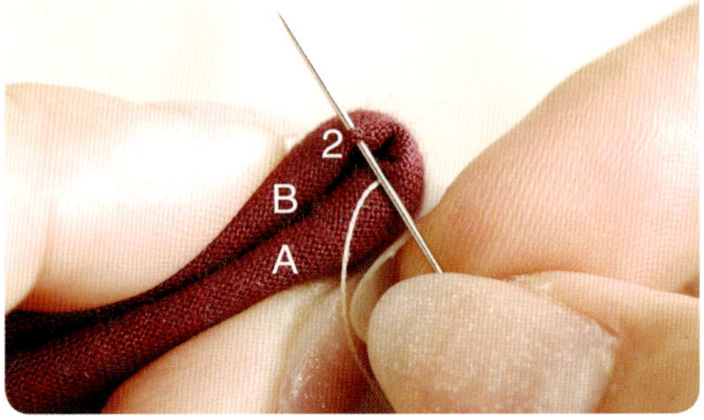

2 至 B 布 2 处入针。

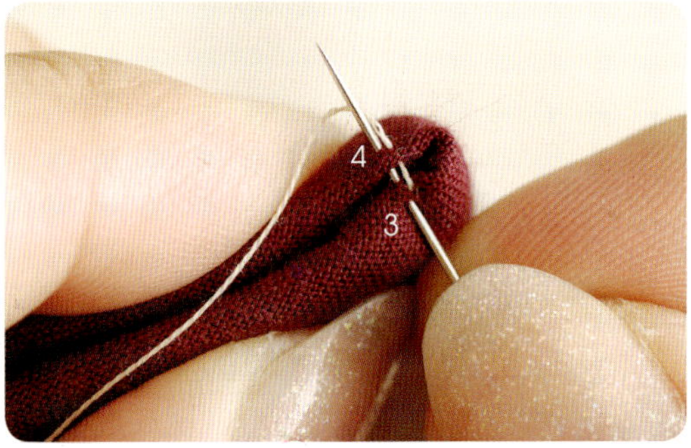

3 再由 A 布 3 处入针，B 布 4 处出针。

4 图为重复上述步骤缝好的针脚。

＊疏缝

1 将表布、铺棉与里布三层依序排列。

2 将疏缝线单线打结，由布片中心点入针。

3 往前约 2.5 cm 处表面出针。

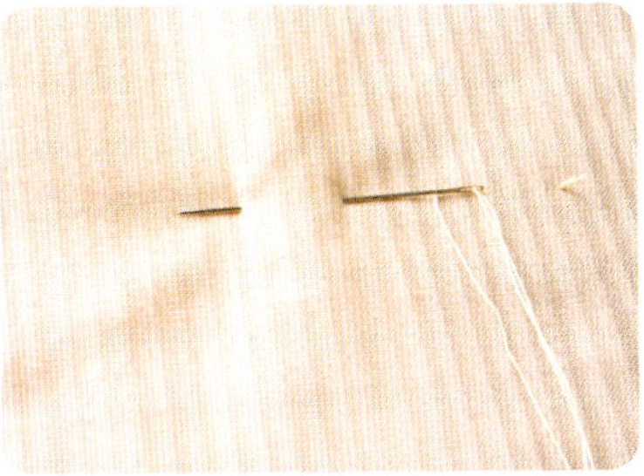

4 再往前 2.5 cm 处表面入针、出针。

5 最后一针回针不打结。

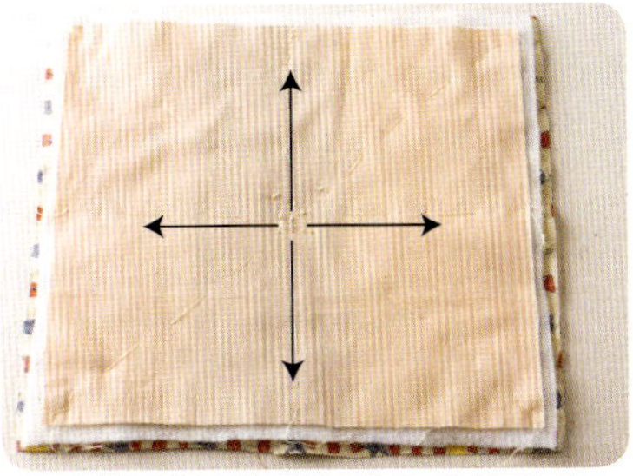

6 以中心点向外缝十字状。

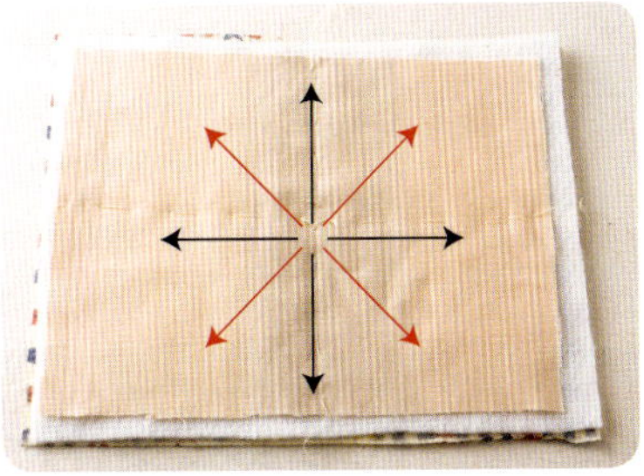

7 再缝 45° 对角线。

8 缝制时可用汤匙辅助。

运用范例！

＊压线

1 用记号笔画出欲压的线条。

2 起针将线头藏入铺棉内，沿着记号线以平针缝前进，针脚为 0.2 ~ 0.3 cm。

3 同法缝完所有记号线，拆掉疏缝线即完成。

* 缩缝

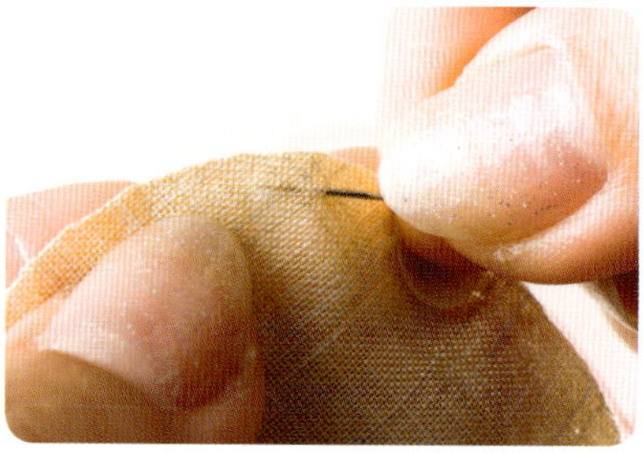

1 由圆形布片表面入针，往前约0.5 cm 处出针。

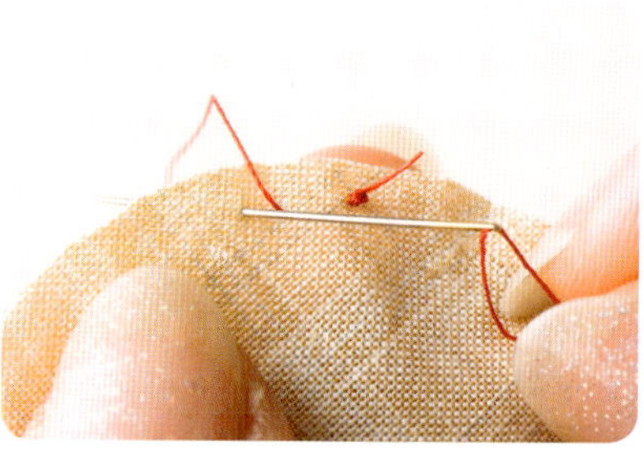

2 再往前 0.5 cm 处入针。

3 以平针缝前进，针脚为 0.5 ~ 0.7 cm。

4 完成。

运用范例！

* 表布拼接

1 以平针缝缝合两布片。

2 将缝份倒向深色布，用熨斗整烫。

3 翻回正面即可。

* 烫棉

1 将铺棉有胶面朝上，放上布片。

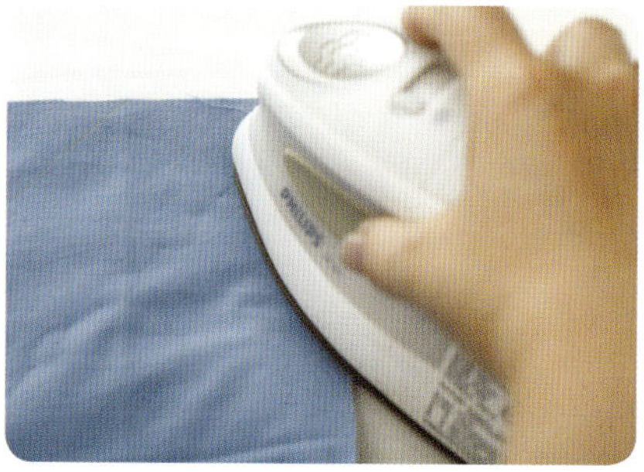

2 以熨斗压烫几秒钟固定。

*滚边

1 准备滚边器和宽 4 cm 的斜布条。

2 斜布条放入滚边器内。

3 拉出略整形。

4 一边拉一边整烫。

5 完成滚边布条。

6 滚边布反面对齐需包上边条的边缘，以珠针固定。

7 依折痕以回针缝缝完一侧。

8 修掉多余的铺棉与里布。

9 将另一折痕折至背面。

10 用珠针固定，以藏针缝缝合。

11 完成。

＊折底

1 以接合线为中心，左右各取5 cm，画上记号线（此处示范制作宽 10 cm 袋底）。

2 车缝缝合。

3 翻面即完成折底 10 cm。

＊缝拉链

1 在表布上确认要缝拉链的位置。

2 放上里布（正面相对）。

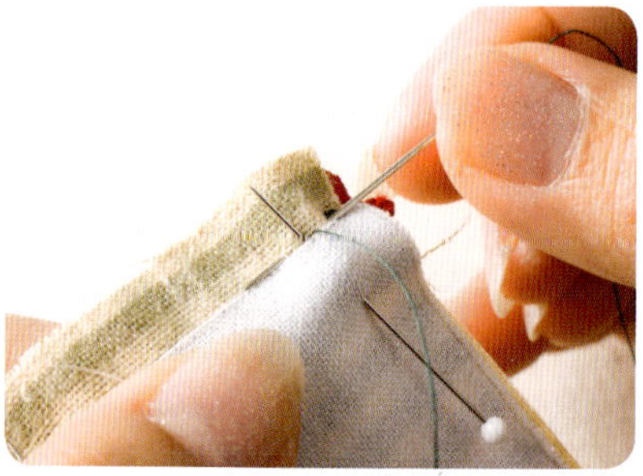

3 起头留约 0.7 cm，第一针回针。

4 以回针缝前进。

5 缝至结束。

6 翻到正面。

7 拉链下方（表布正面）以平针缝缝上装饰线（固定拉链下摆），另一侧同法制作。

运用范例！

*缝磁扣 / 按扣

1 一组磁扣（或按扣）拆开，将凸磁扣放在主体要安装处，在扣耳相对位置起针藏线头。

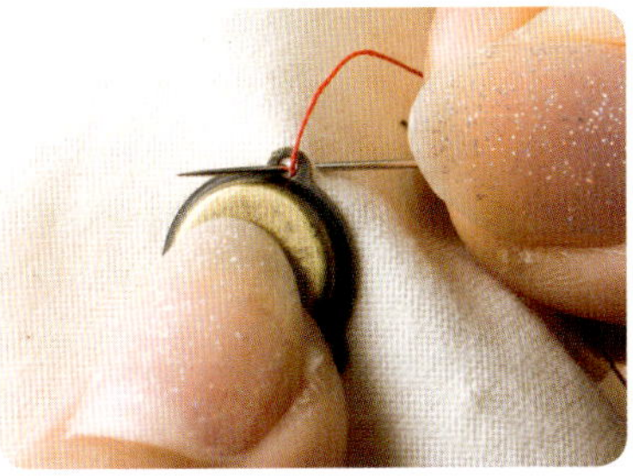

2 针线绕过扣耳，于起针处入针，挑 2 ~ 3 根纱后出针，针线再穿过扣耳。

3 重复步骤 2，缝牢。

1 将所有扣耳都缝完，另一侧凹磁扣（或按扣）同法制作。

运用范例！

*缝口金

1 套上口金，将口金与袋身顶的两边中心点疏缝固定。

2 侧边底端也疏缝固定。

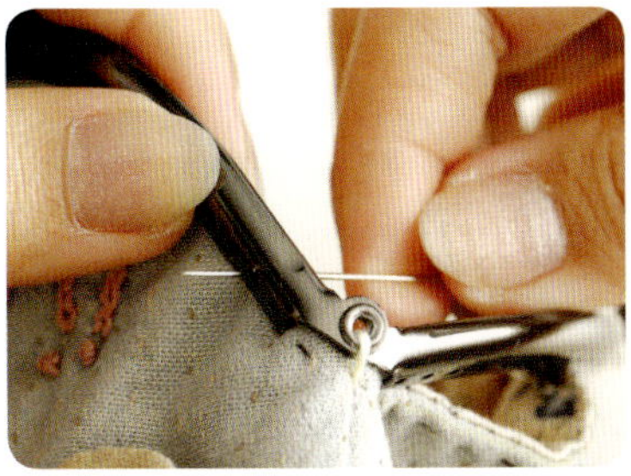

3 开始缝口金，里布入针藏线，从口金上的第 2 个缝针口出针。

4 回第 1 个缝针口入针。

5 再从第 2 个缝针口出针，往第 3 个缝针口入针。

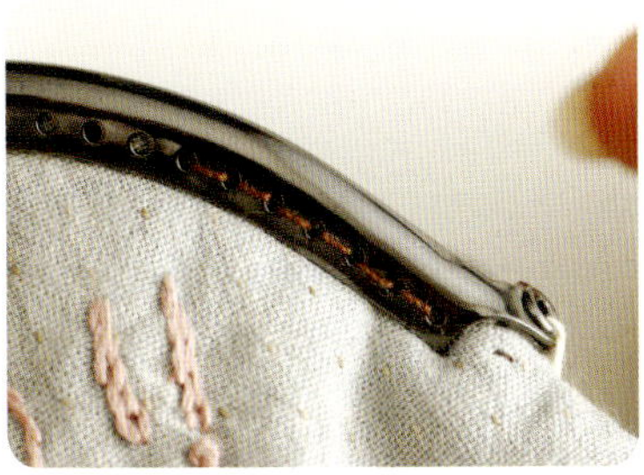

6 每个缝针口依上述步骤，重复至完成。

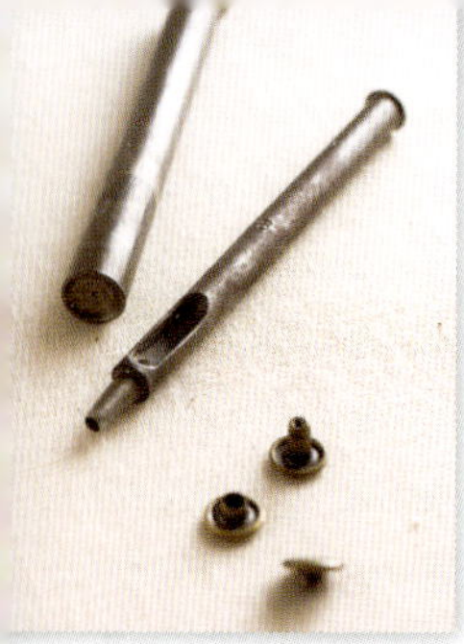

* 钉铜扣

1 要钉铜扣的位置用打孔器（凸）和铁锤敲打。

2 锤出凹洞。

3 穿入铜扣凸组。

4 压入凹组。

5 放上打孔器（凹）后再敲打固定。

6 完成。

* 图案复写

1 将图案画在描图纸上，复写纸有色的一面朝下，放在描图纸和布中间。

2 用圆珠笔再将图案描绘一次。

3 完成。

制作前的准备工作

＊如何使用本书

①难易度★★★：
星星数越多，表示难度越大，建议初学者由难度较小的作品开始，避免产生挫折感。

②尺寸：
依作品的高、长、宽的顺序标示。

③做法：
使用材料明细及制作顺序图文解说。

①主要材料：用布与配件及其用量的说明。

②制作顺序：制作步骤文字解说。

③分解步骤图：依作品制作的顺序以图示辅助说明。

④纸型：标示“[实物大纸型]”即尺寸同实品大小，若标示实物“[80%大纸型]请放大125%使用”即书中纸型是缩小版，需按照建议放大使用。版型缝份内含或需外加也有提醒。

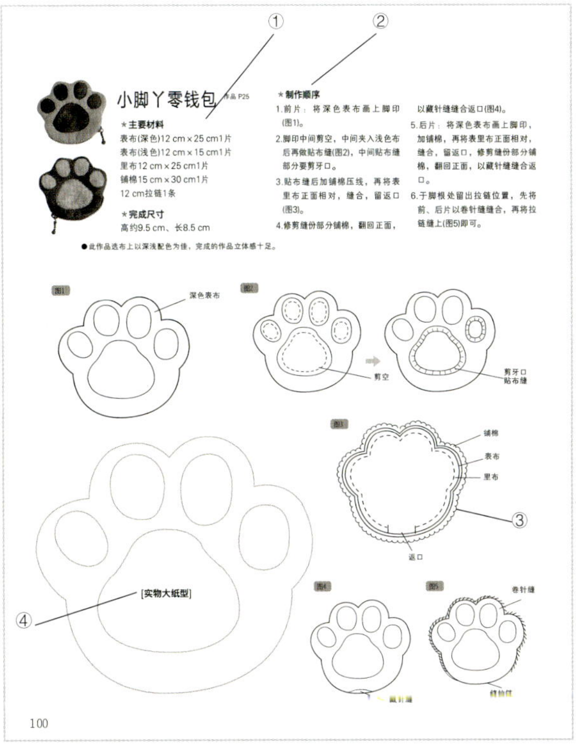

＊认识纸型记号

————————	完成线
— — — — — —	折双线
- - - - - - - - - - - -	中心线、车缝线
←————————→	布纹方向
- - - - |　　| - - - -	止缝记号

*本书制作须知

★材料中的表里布，未特别标明布料及花色时，可依喜好自行搭配选择。

★做法图的部分，未特别标示尺寸单位时，均以cm为单位。

★制作图上的尺寸，都以完成尺寸标示。裁剪布料时若没有特别标示缝份尺寸，都要加上缝份后再裁剪，一般缝份约需留0.7～1 cm。

★缝纫机制作，开始与结束都要回针。

★牙剪：只要有弧度要翻折都要牙剪，最佳深度是离缝线0.1～0.2 cm的距离。

★熨烫：处理缝份要摊开烫平，再翻回正面烫平。

*名词认识

直布纹 ↕	没有弹性(用于作品四周)。
斜布纹 ⤡	弹性最大(适用于制作滚边)。
表布	作品正面使用的布。
里布	袋物里面的布。
背布	作品背面使用的布。
缝份	布片接合时要留些许空间以便接合。
缝份倒向	A布与B布接合后的缝份翻至一方。
返口	将作品翻回正面所留的洞口。
口布	制作袋物时袋口位置的布。
通口	装弹片或穿棉绳所需的布料空间。
压线	作品的装饰线。
车缝	使用缝纫机缝合。
缝止线	车缝的终点。
折底	制作袋物袋底的两边，使袋子呈立体状。
剪牙口	在有弧度处剪一小刀，可使作品的弧线更顺。
折双	指纸型的1/2。

制作前的基本绣法

平针绣

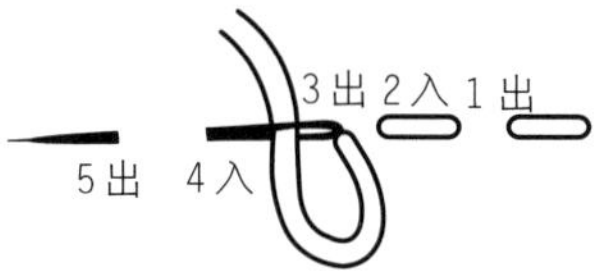

回针绣

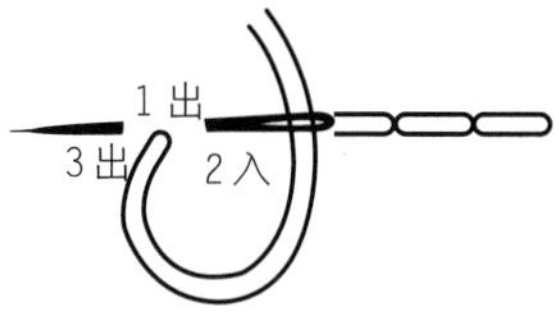

轮廓绣

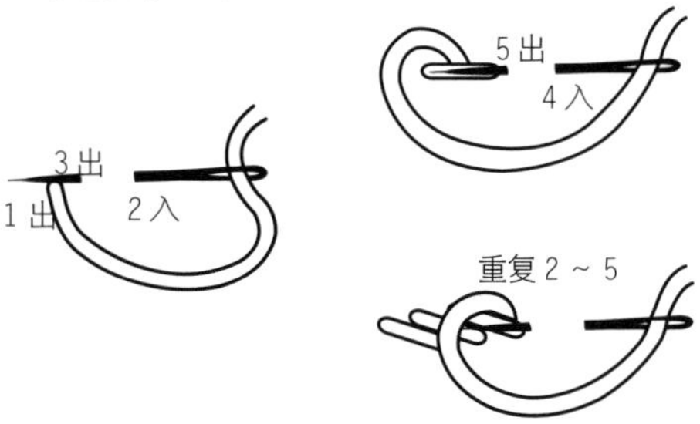

雏菊绣

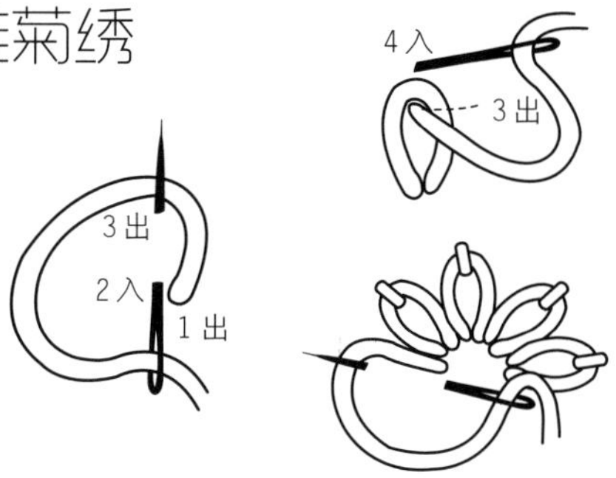

鱼骨绣

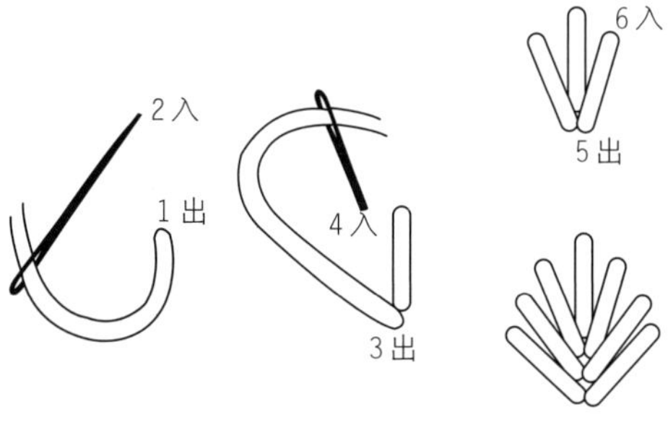

结粒绣

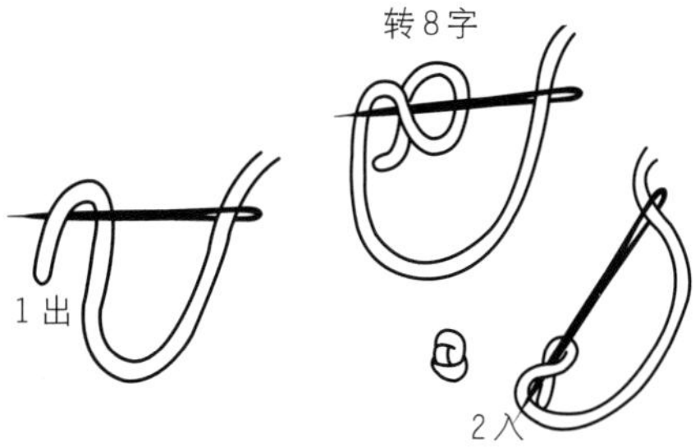

千鸟绣

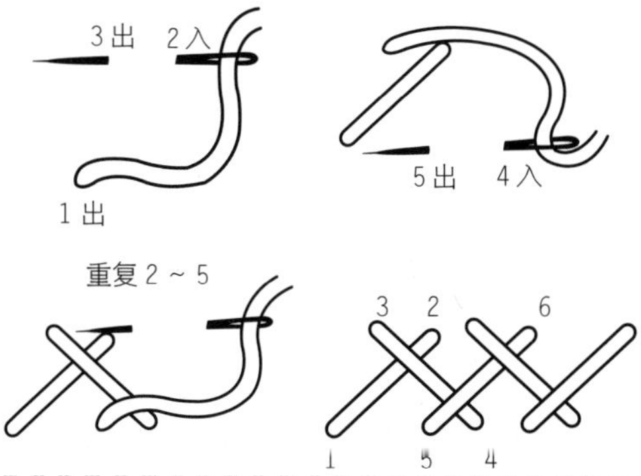

钉线绣

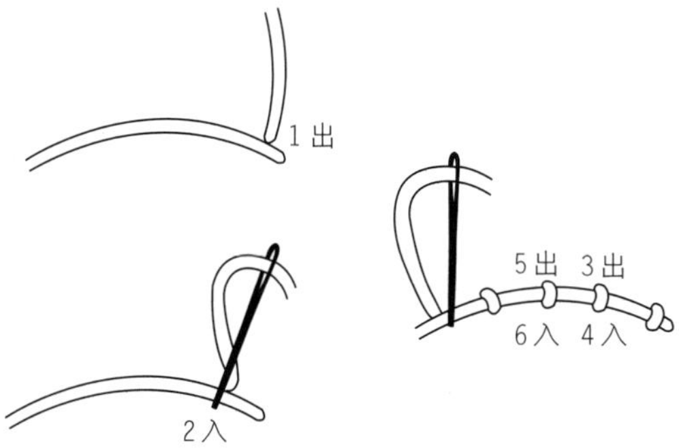

红白蓝乡村零钱包 作品 P6

＊主要材料

表布(4种花色)6 cm×10 cm各1片
表布(米色布)9 cm×10 cm1片
表布(白底花布)12 cm×12 cm1片
表布(深蓝格子布)13 cm×15 cm1片
里布30 cm×110 cm1片
铺棉16 cm×25 cm1片
厚布衬11 cm×14 cm1片
滚边布4 cm×70 cm1片
10 cm、30 cm拉链各1条
造型扣4个
各色绣线适量

＊完成尺寸

高11.5 cm、长14 cm

＊制作顺序

1.先将表布、内夹层的里布与铺棉依照纸型尺寸裁剪，并将表布依序拼接缝合(图1)。
2.将缝合好的表布、铺棉与里布三层疏缝固定，压线(图2)。
3.内夹层依图示尺寸折烫好并与里布疏缝固定(图3)。
4.内口袋里布1片烫上布衬，正面相对夹入拉链接缝，翻回正面，上口装饰压线(图4)。
5.侧边布对折缝合再翻至正面，将侧边布对折和内口袋缝合固定(图5)。
6.将步骤5完成的内口袋与步骤3完成的内夹层组合固定，缝一圈滚边，再安装拉链(图6)即可。

图1

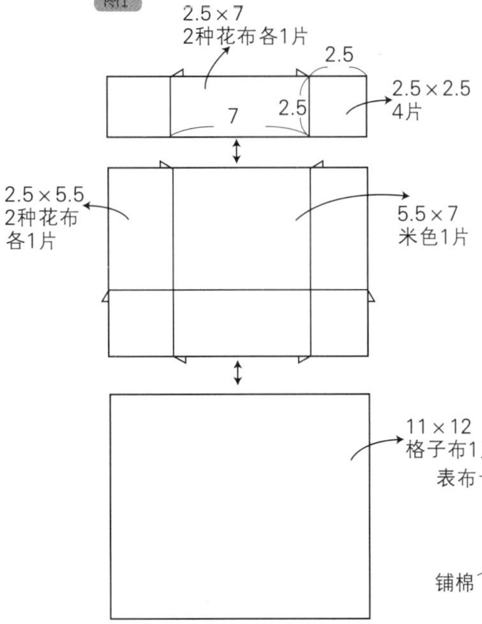

图2

图3 内夹层14×78(含缝份)1片

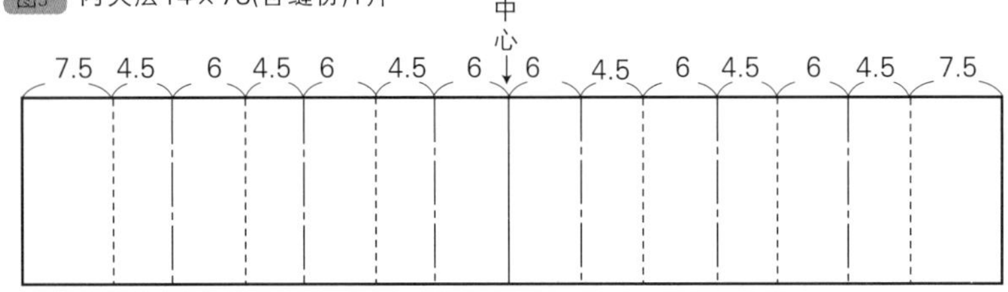

图4 内口袋11×16 2片(已含缝份)

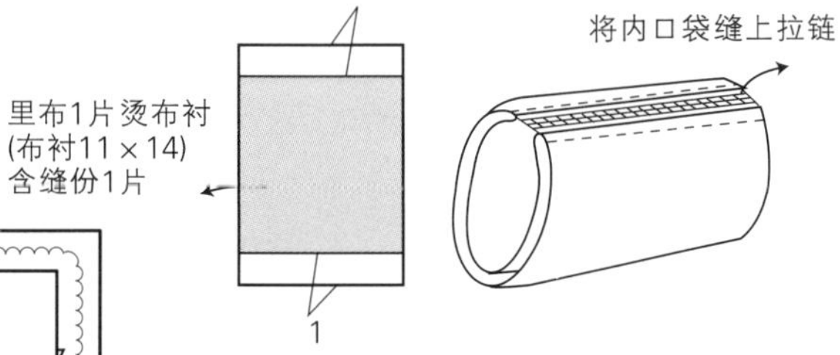

图5 侧边布11×16 2片(外加缝份1 cm)

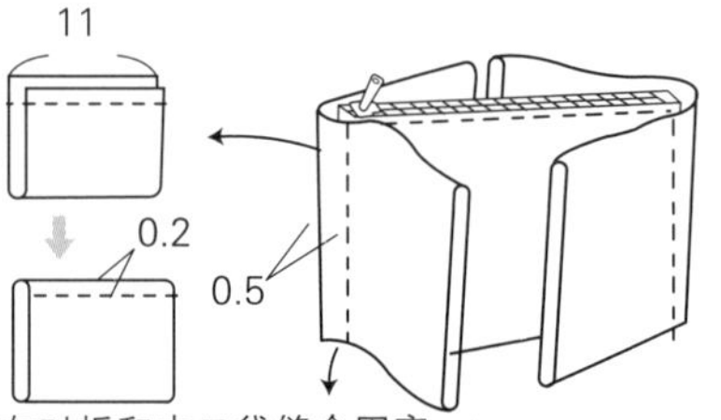

将侧边布对折和内口袋缝合固定

图6

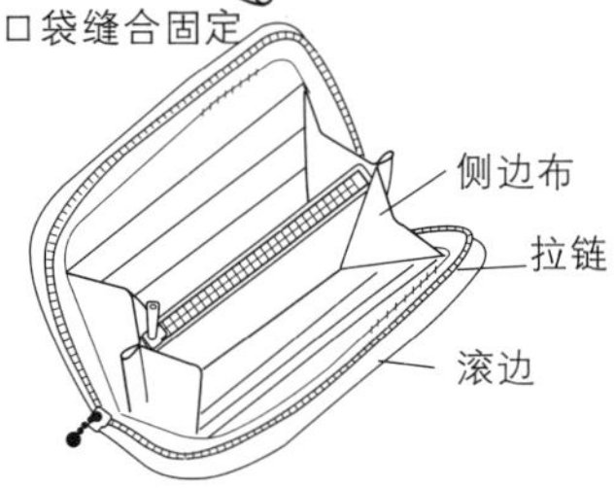

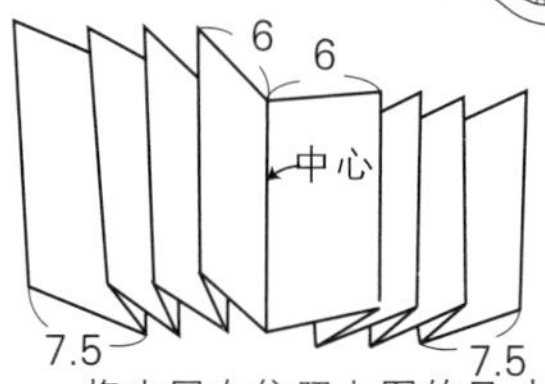

将夹层布依照上图的尺寸烫好并疏缝固定

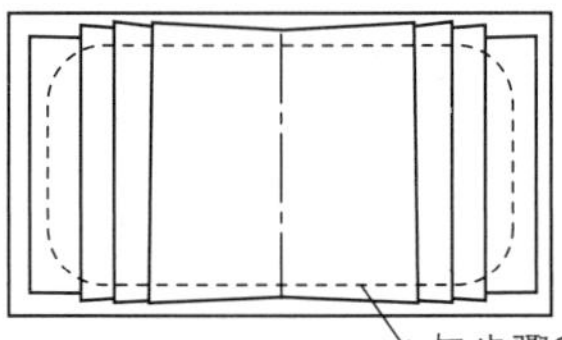

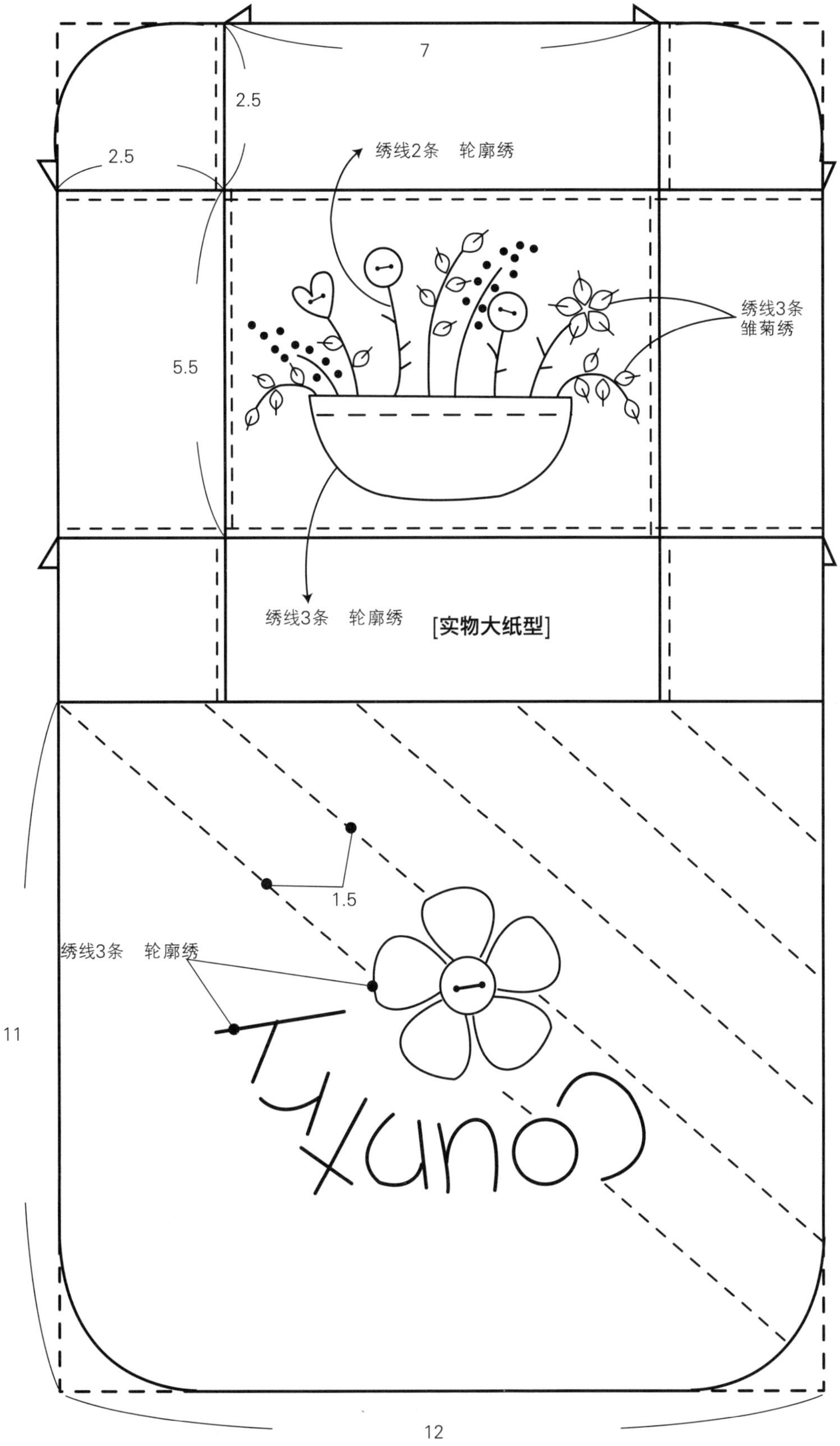
7
2.5
2.5
绣线2条　轮廓绣
5.5
绣线3条
雏菊绣
绣线3条　轮廓绣
[实物大纸型]
1.5
绣线3条　轮廓绣
11
12

疯狂拼布零钱包

作品 P8

＊主要材料

表布(先染布)9 cm×11 cm9种各1片
表布(先染布)6 cm×14 cm1片
里布16 cm×23 cm1片
铺棉16 cm×23 cm1片
滚边布4 cm×60 cm1片
15 cm拉链1条
问号钩1个

＊完成尺寸

高7 cm、长9 cm、宽4 cm

＊制作顺序

1.将所需的表布依照纸型裁剪，外加缝份0.7 cm。
2.将表布依序拼接缝合(图1)。
3.缝好的表布、铺棉与里布三层疏缝固定，装饰压线(图2)。
4.将压缝好的布缝上滚边，再将两侧用卷针缝缝合(图3)。
5.制作挂耳(图4)。
6.缝上拉链；折袋底4 cm，同时将挂耳一同夹入缝合固定(图5)即可。

图1

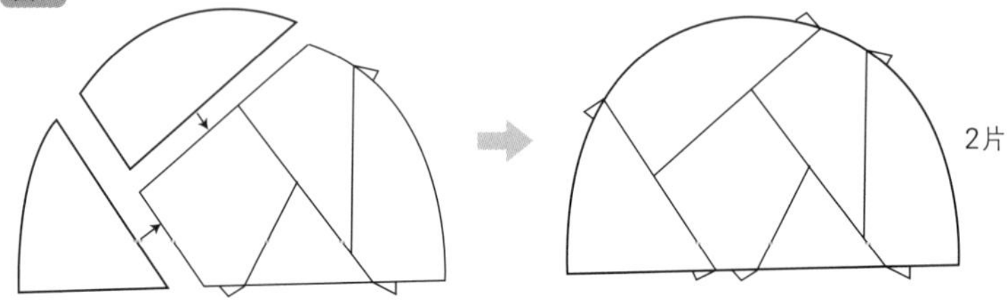

图2

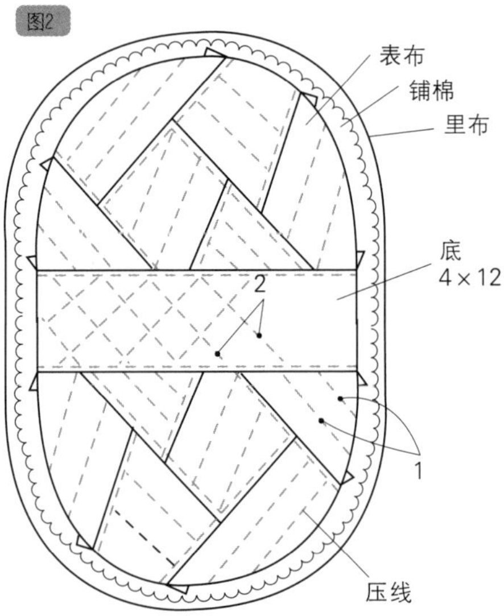

图3

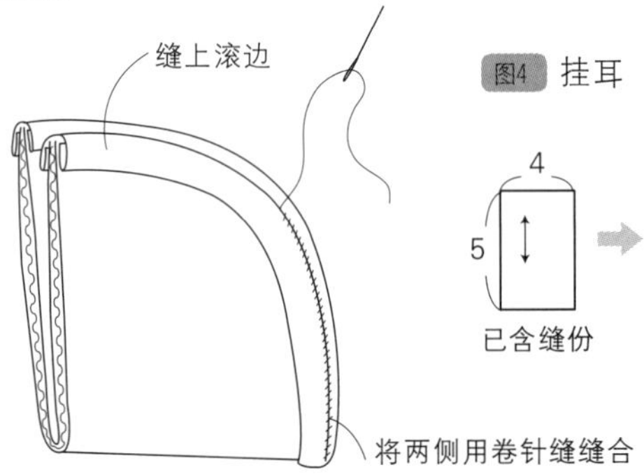

图4 挂耳

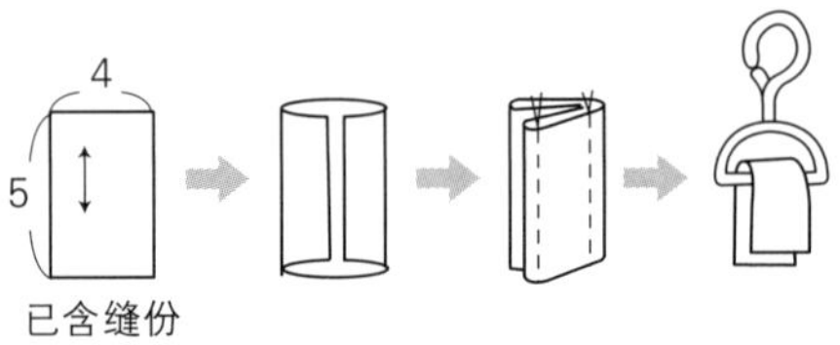

图5

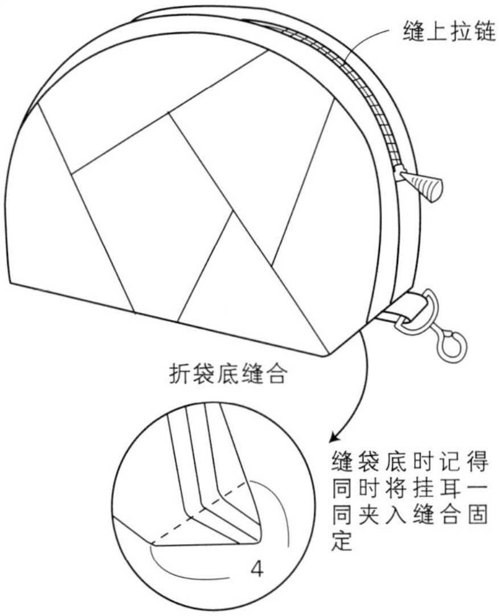

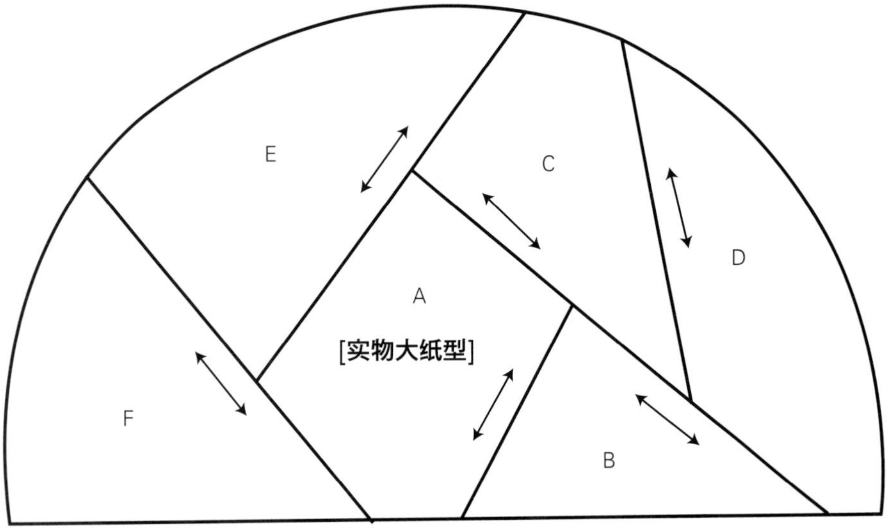

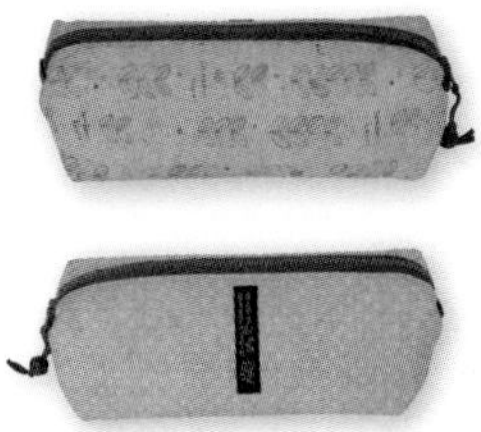

笔盒式零钱包 作品 P13

＊主要材料

表布(2种花色)15 cm×28 cm各1片
表布5 cm×10 cm1片
里布25 cm×35 cm1片
厚布衬28 cm×55 cm1片
25 cm拉链1条
布标1片

＊完成尺寸

高7 cm、长19 cm、宽6 cm

＊制作顺序

1.将表布、里布依照纸型尺寸裁剪(图1)，外加缝份1 cm。

2.裁剪好的表布拼接组合，并将表布、里布分别烫上布衬。

3.表布、里布正面相对，夹入拉链，缝合上口，从侧边翻至正面，拉链处装饰压线(图2)。

4.翻至里袋，滚边布于两侧边收边缝合，再由拉链处翻至正面(图3)。

5.裁挂耳布5 cm×5 cm2片，如图示制作，固定于袋身两侧，再将袋角两端缝合(图4)。

6.表袋缝上布标装饰(图5)即可。

图1

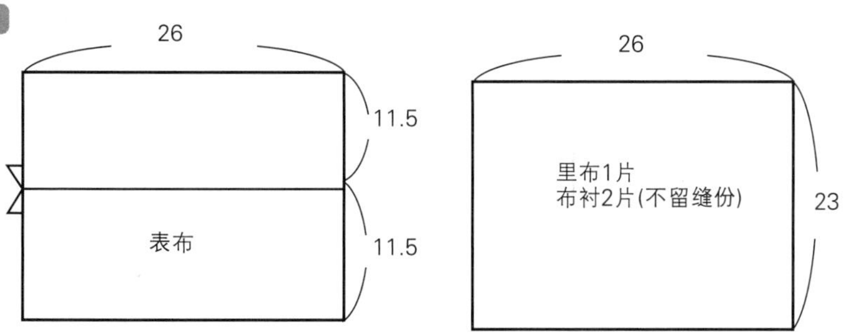

图2

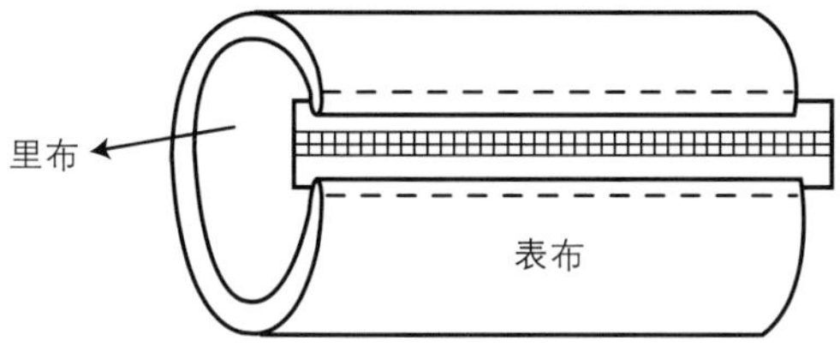

图3

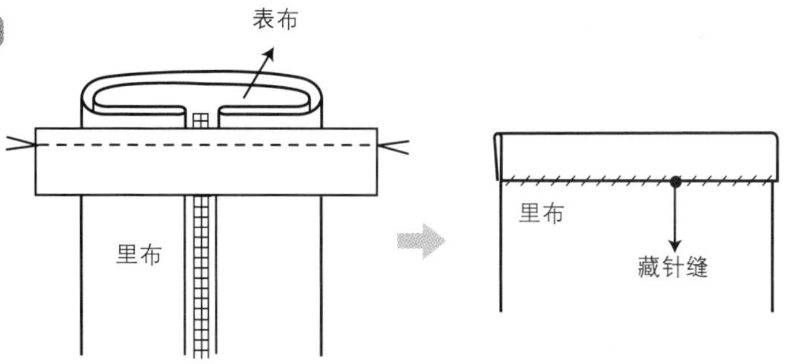

图4

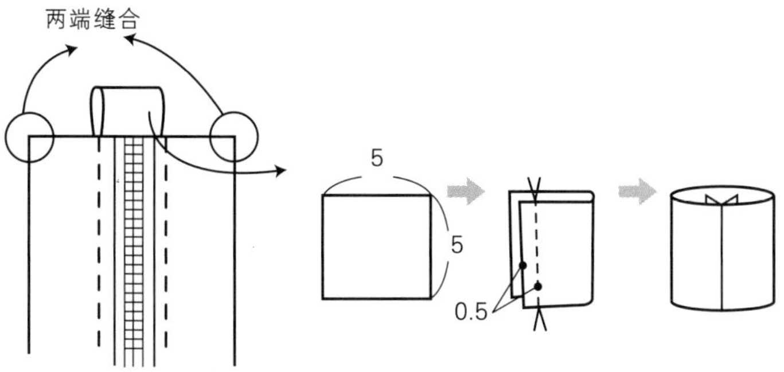

图5

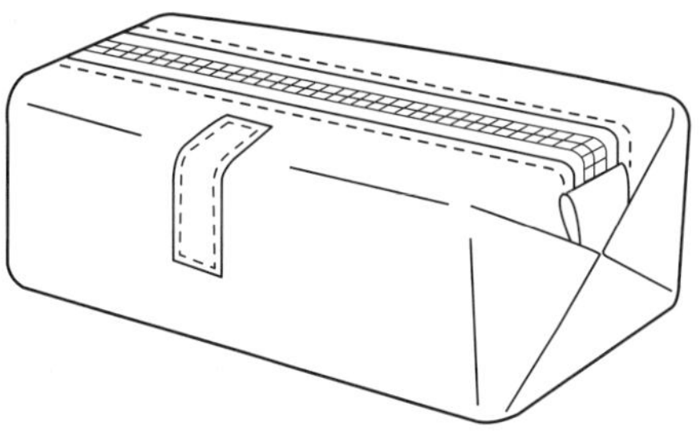

几何图案零钱包 作品 P9

＊主要材料

深色素布15 cm × 28 cm1片
浅色素布25 cm × 30 cm1片
4种花布15 cm × 15 cm1片
里布20 cm × 28 cm1片
铺棉20 cm × 28 cm1片
滚边布4 cm × 85 cm1片
20 cm拉链1条

＊完成尺寸

高12 cm、长14 cm、宽3.5 cm

＊制作顺序

1. 将深色素布、浅色素布及花布依照纸型尺寸裁剪，外加缝份1 cm。
2. 将表布A、B、C先拼接完成，再接两侧(图1)。
3. 缝好的表布、铺棉与里布，三层疏缝固定，压线(图2)。
4. 将压缝完成的布片修剪同纸型，滚边一圈(图3)。
5. 将袋身对折，两侧边以藏针缝缝上拉链。
6. 内袋两侧折底3~4 cm缝合完成袋底(图4)即可。

图1

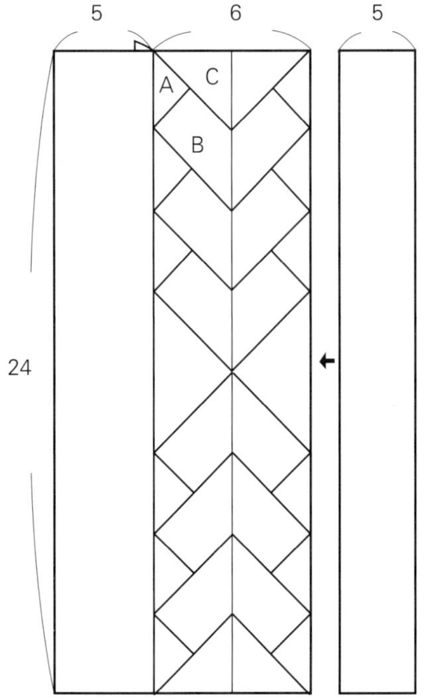

图2

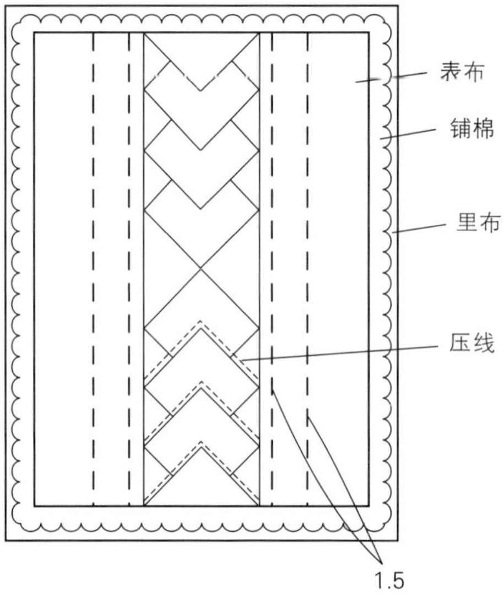

图3

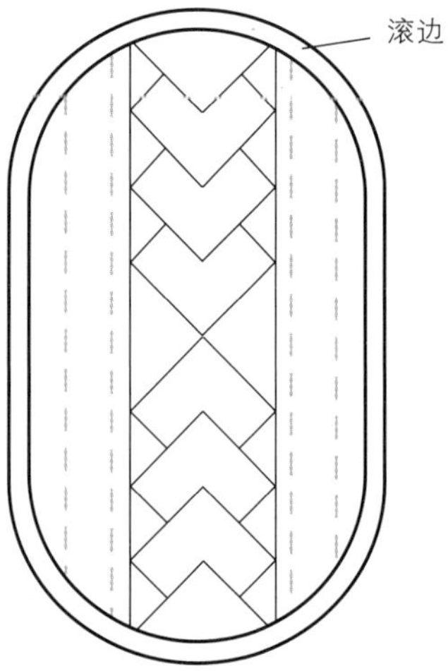

图4

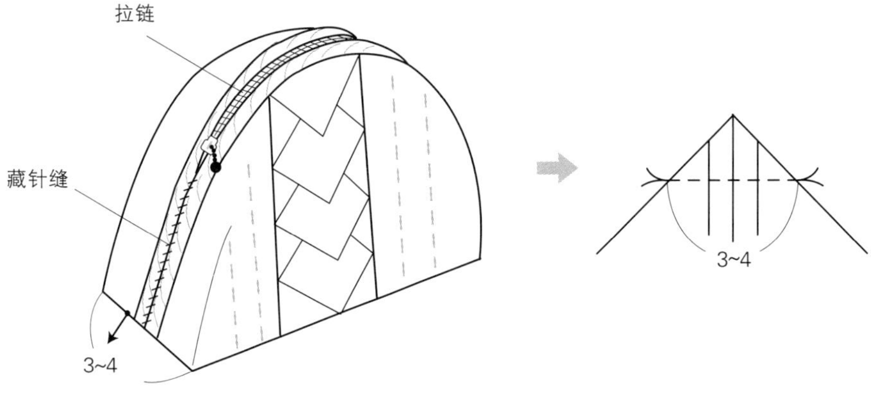

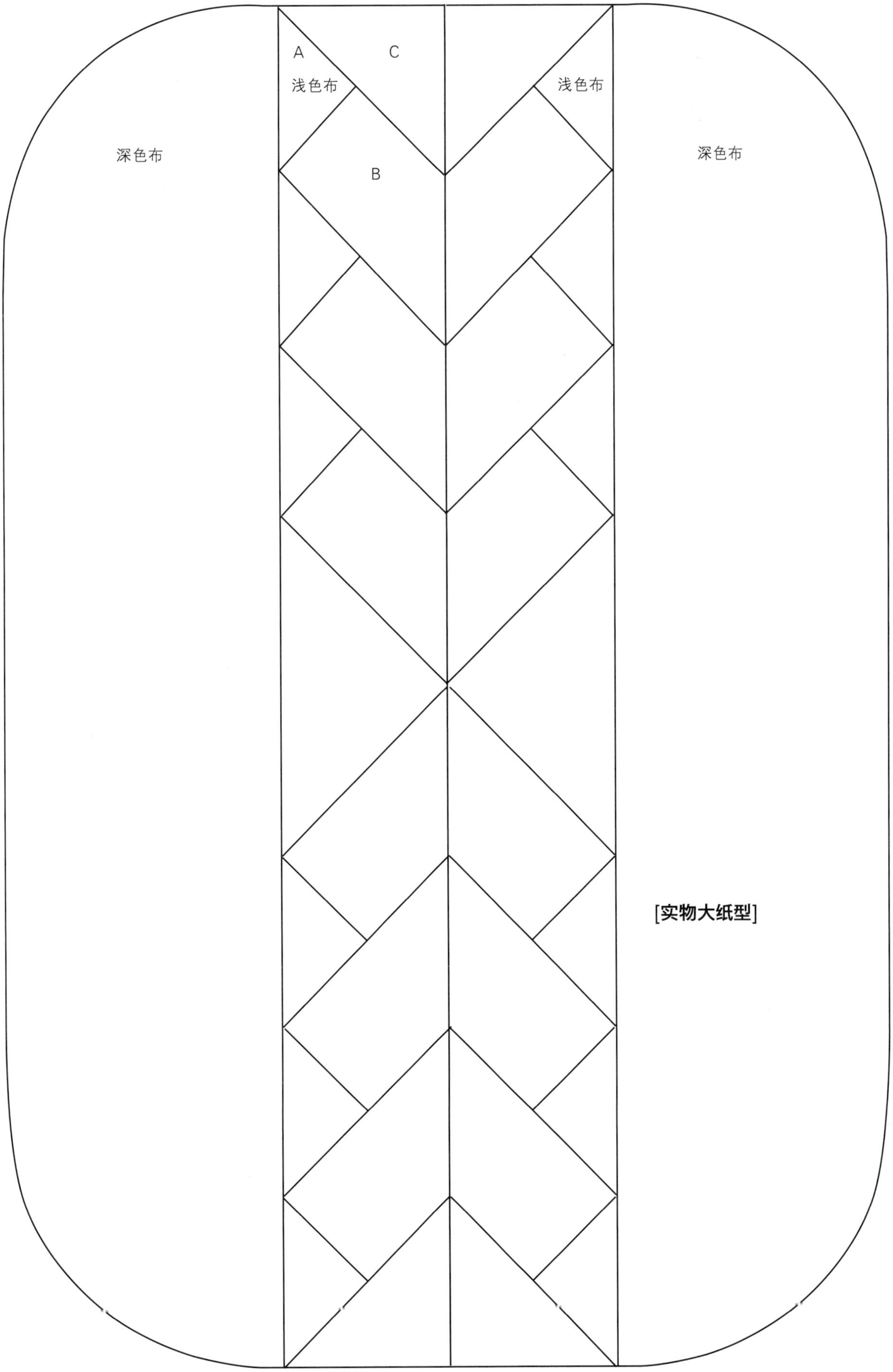

[实物大纸型]

爱的线轴零钱包 作品 P10

＊主要材料

6种各色表布12 cm × 15 cm各1片
2种花布5 cm × 5 cm各1片
里布25 cm × 30 cm1片
铺棉25 cm × 30 cm1片
滚边布4 cm × 40 cm1片
15 cm拉链1条
附问号钩造型皮片1个
各色绣线少许

＊完成尺寸

高9 cm、长13 cm、宽6 cm

＊制作顺序

1.将所需的布料依照纸型裁剪，外加缝份1 cm。
2.如图序将表布拼接好(图1)，完成前后两片。
3.以贴布缝将贴布图案缝在拼接好的表布上，并绣上线条与字样(图2)。
4.将缝好的表布与里布、铺棉三层疏缝固定并压线，底布也与里布、铺棉三层疏缝固定并压线(图3)。
5.表布两片正面相对缝合两侧，修剪铺棉，内折藏针修饰(图4)，以藏针缝接缝底部。
6.缝上滚边，最后缝上拉链(图5)即可。

●中间贴布缝的部分也可以用绣线绣出自己喜欢的图案。

图1

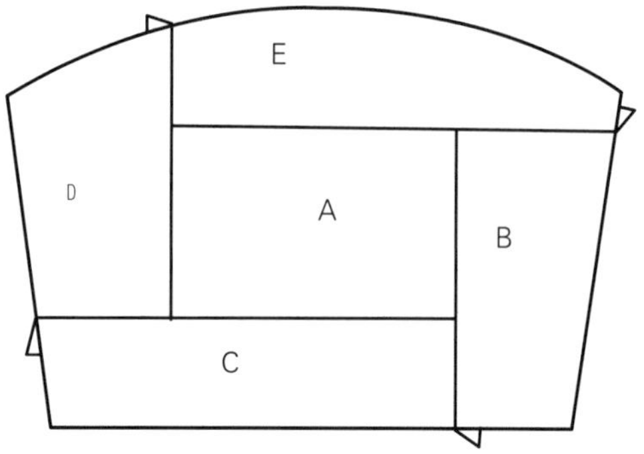

图2

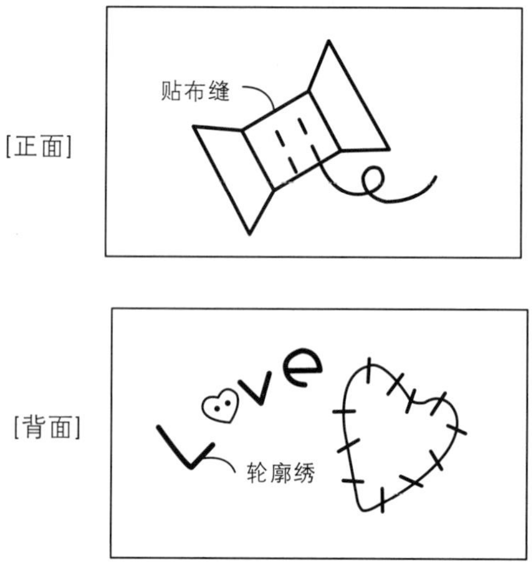

图3

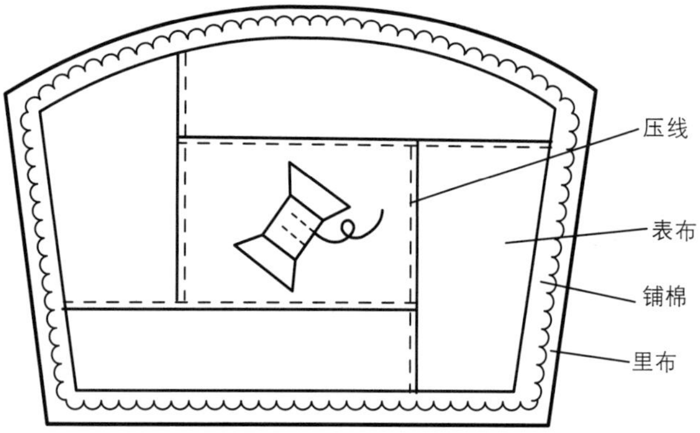

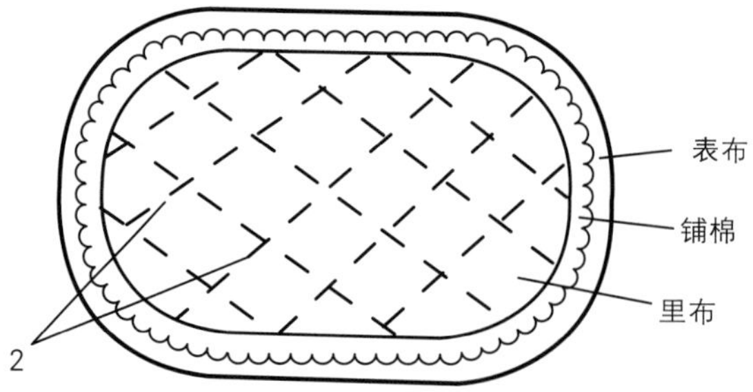

图4

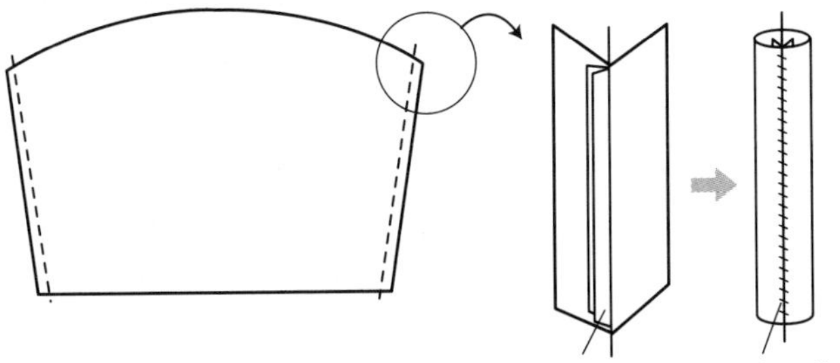

图5

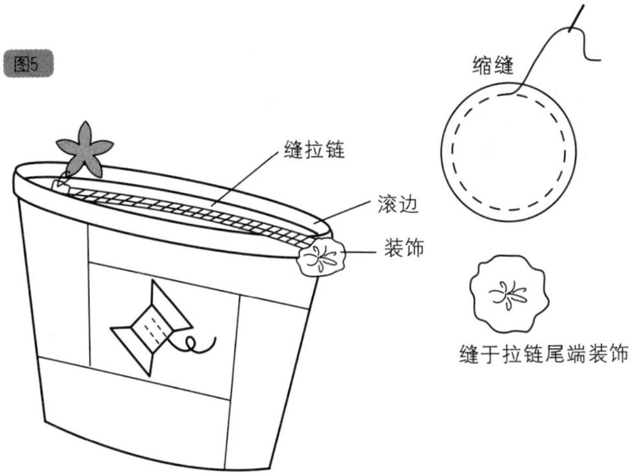

[背面绣图]

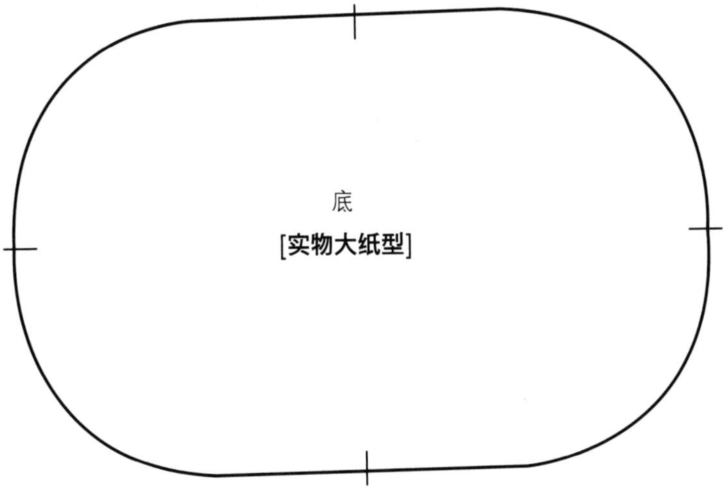

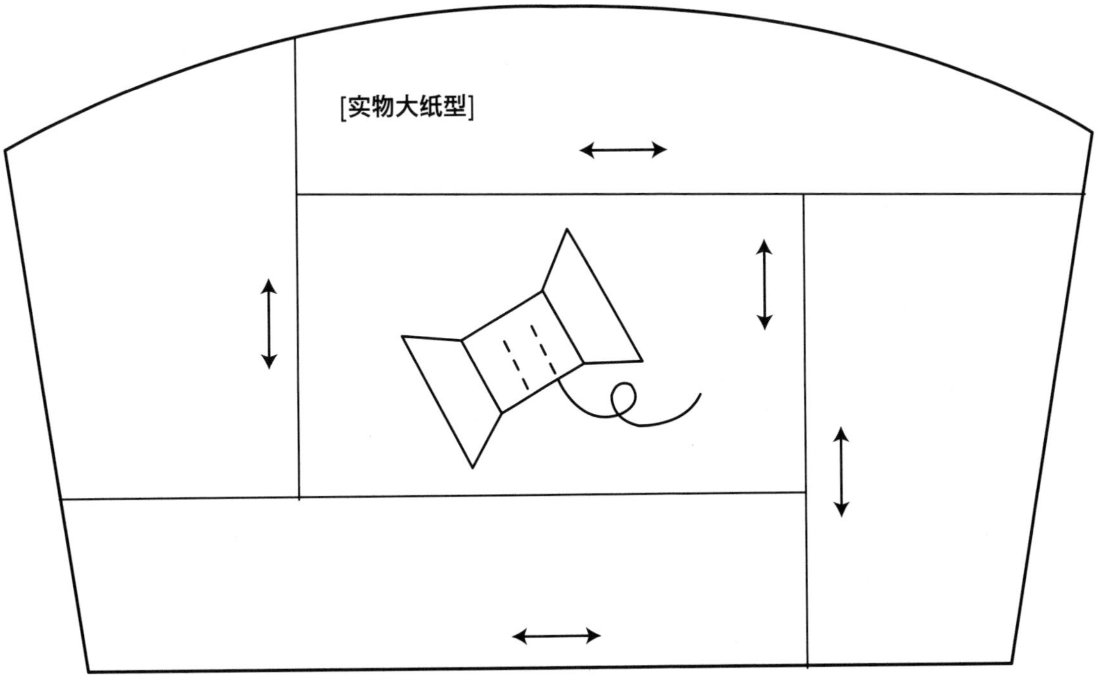

夏威夷手机名片包 作品 P12

＊主要材料

表布A15 cm × 18 cm1片
表布B12 cm × 15 cm1片
里布18 cm × 25 cm1片
铺棉15 cm × 18 cm1片
20 cm拉链1条

＊完成尺寸

高7.5 cm、长13 cm

＊制作顺序

1.将表布、里布依照纸型裁剪，外加缝份1 cm。
2.将表布的图案以贴布缝缝上(图1)。
3.将缝好的表布与铺棉一起装饰压线(图2)。
4.里布夹层如图尺寸折好，中间缝合固定(图3)。
5.将压缝好的表布底部缝合(图4)；里布底部相同做法缝合，背面缝上拉链。
6.里布套入表布，用藏针缝缝合拉链(图5)即可。

图1

图2

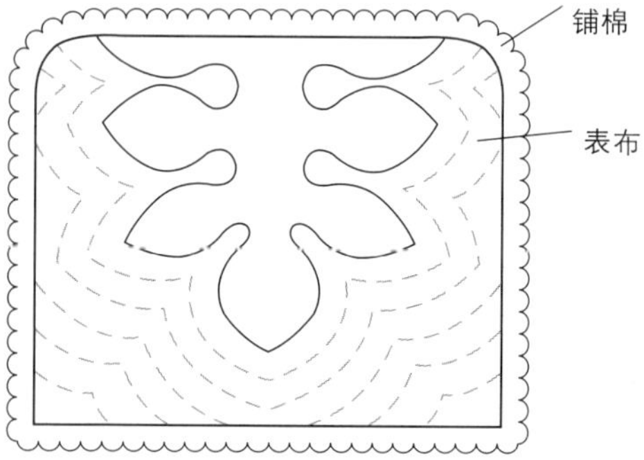

图3 里布

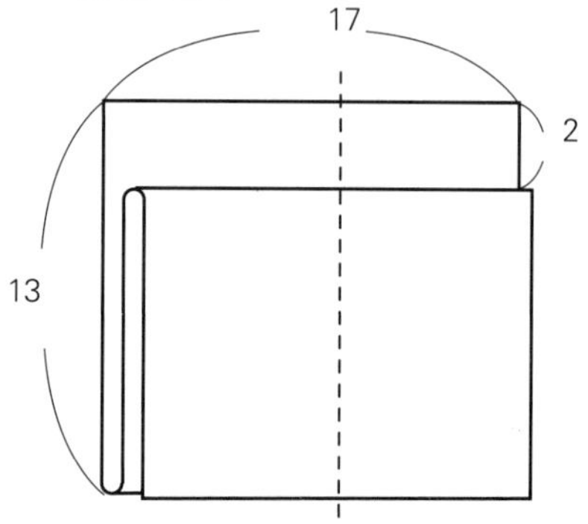

图4

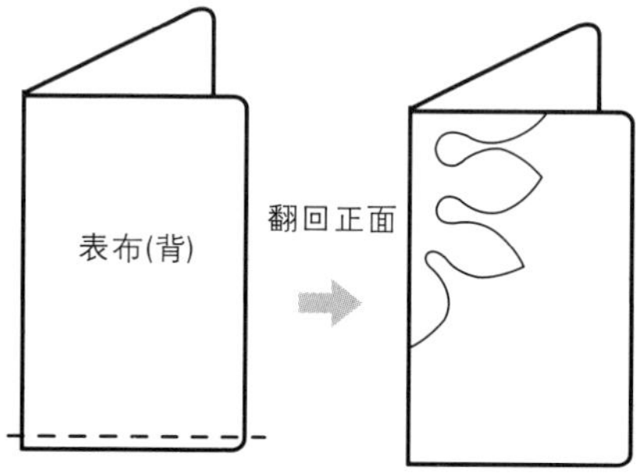

图5

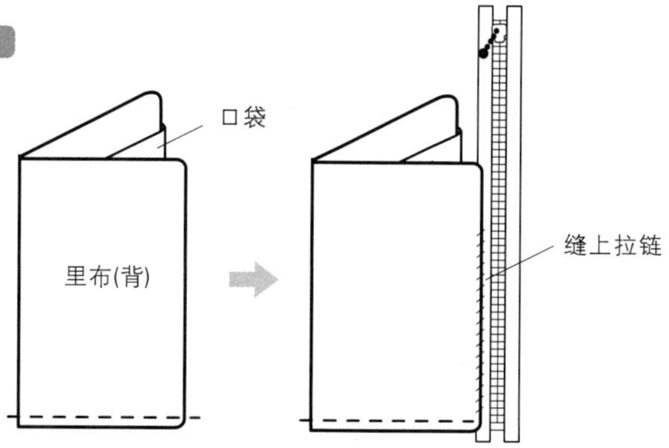

折　双

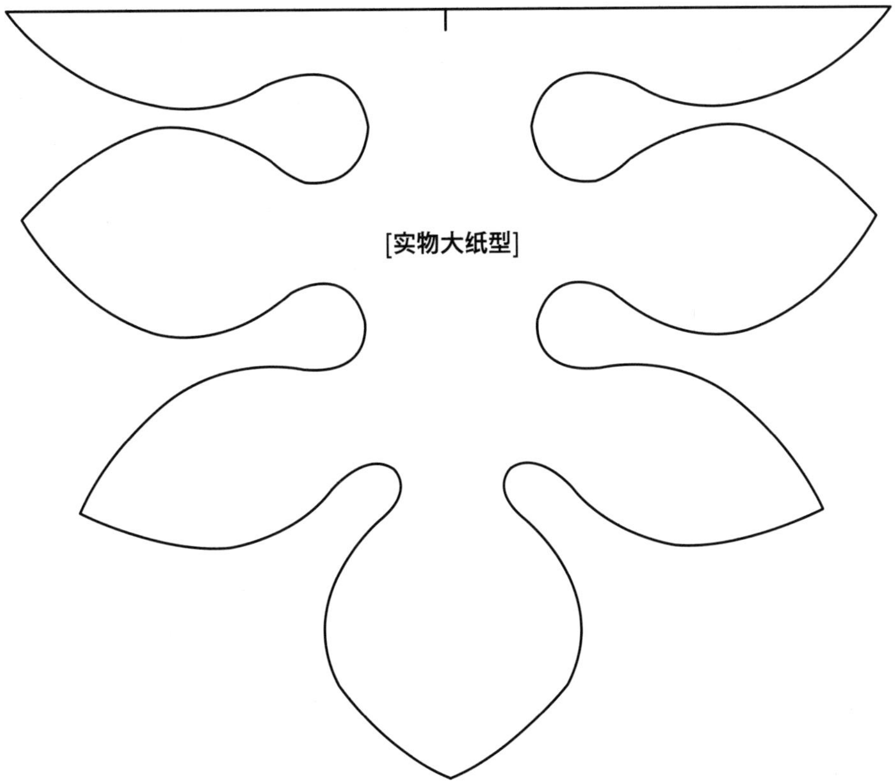

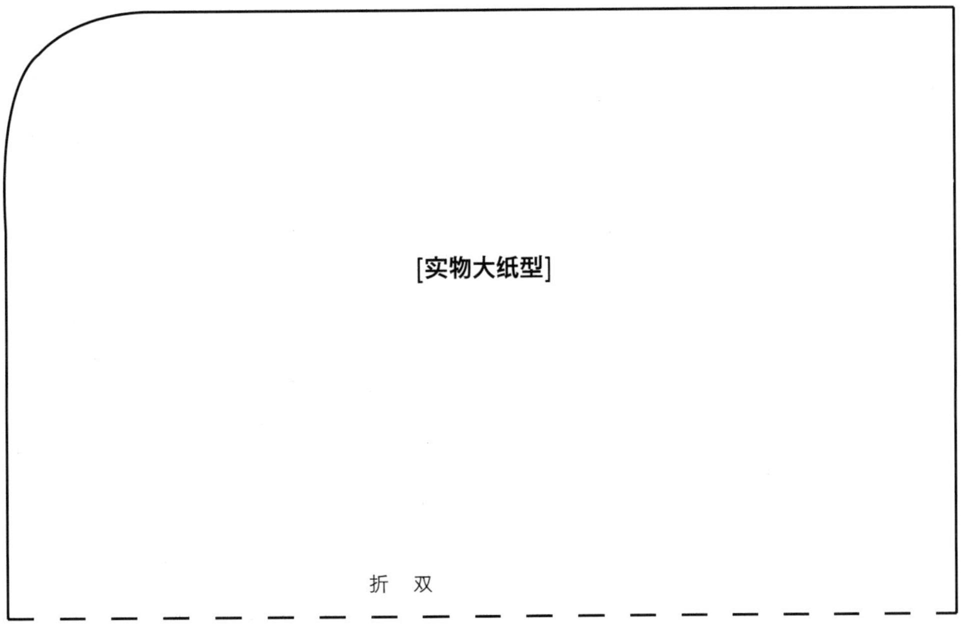

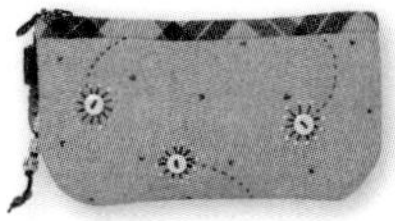

纽扣花零钱包

作品 P14

＊主要材料

表布26 cm×30 cm1片

里布26 cm×45 cm1片

单胶铺棉26 cm×30 cm1片

滚边布4 cm×45 cm1片

15 cm拉链1条

D形环1个

黑、白色绣线各适量

＊完成尺寸

高9.5 cm、长18 cm

＊制作顺序

1.依纸型裁表布2片、铺棉2片。

2.表布与铺棉熨烫固定，再将前片、后片表布的图案依照附图绣好，缝上扣子(图1)。

3.将表布、里布折角缝合固定(图2)。

4.制作挂耳布，放入D形环(图3)。

5.将前片、后片表布正面相对，挂耳布夹入，缝合两侧及底，翻回正面。里布也正面相对缝合两侧及底。

6.将表布、里布背对背套在一起，上口滚边。

7.缝上拉链(图4)即可。

图1

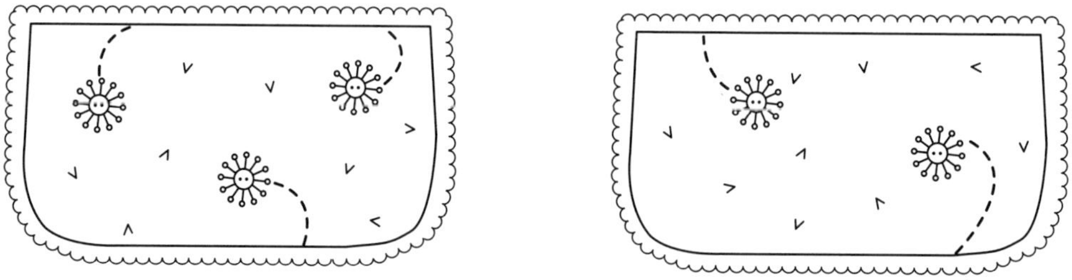

图2

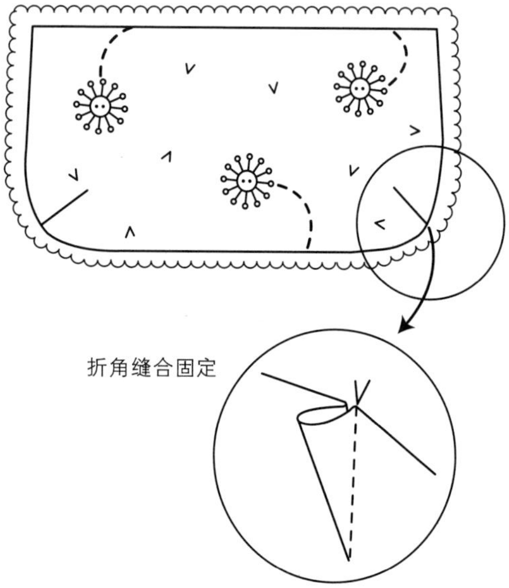

图3 挂耳布

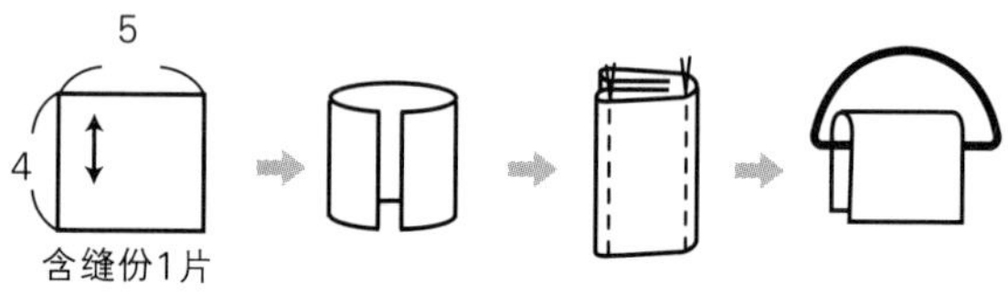

图4

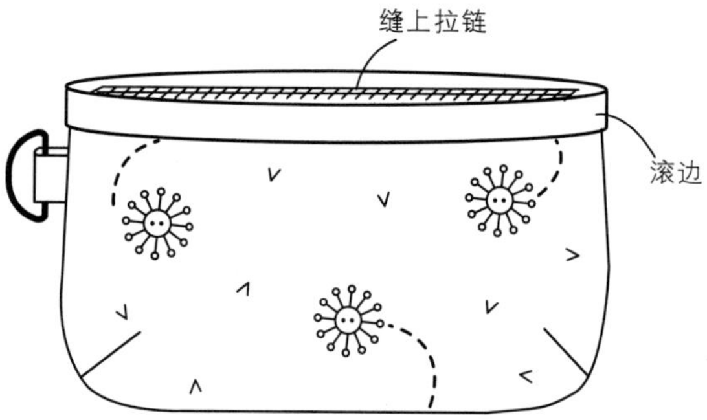

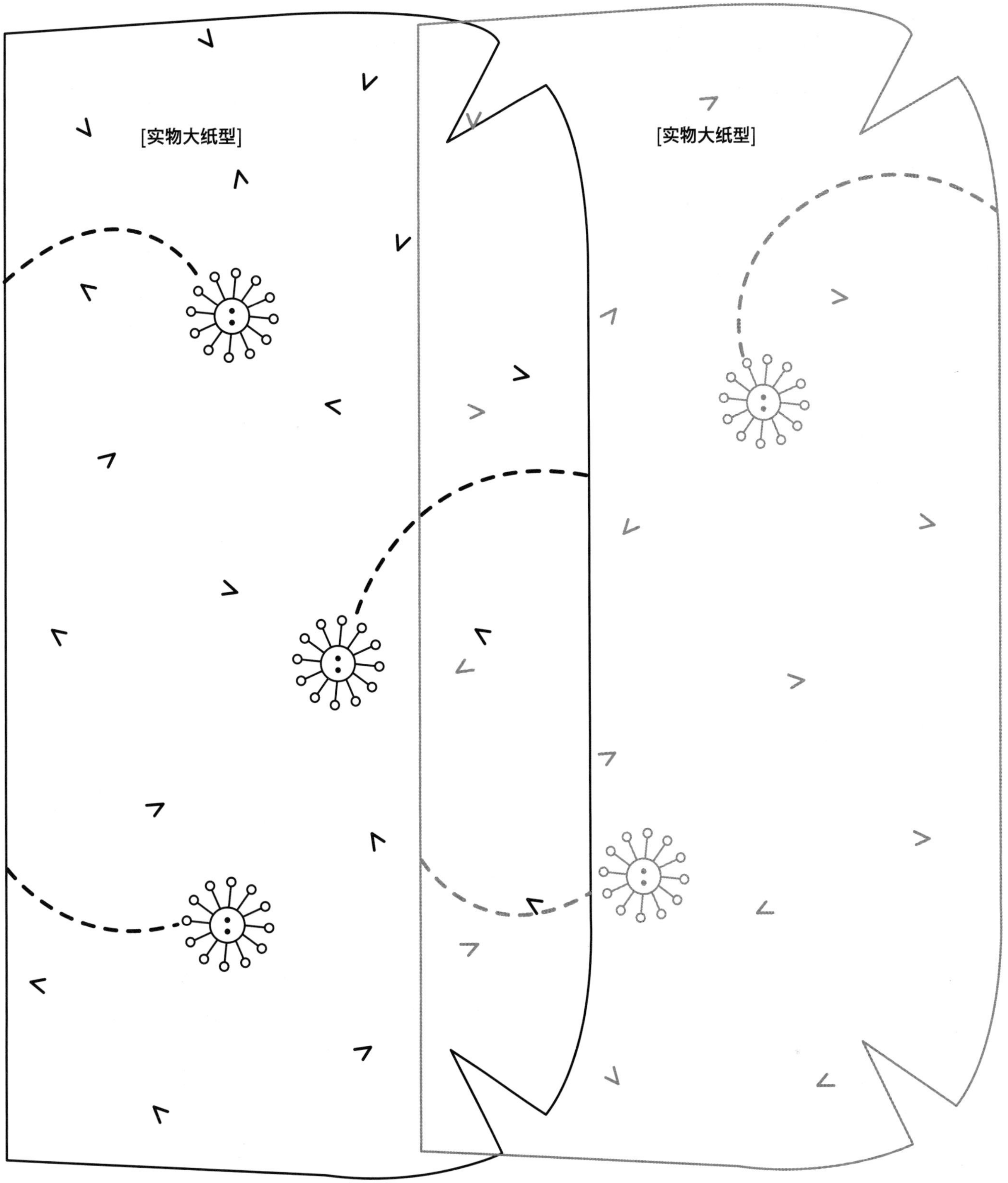
[实物大纸型]
[实物大纸型]

花朵贴布零钱包 作品 P18

＊主要材料

表布A（4种花色）10 cm×25 cm各1片
表布B(贴布图案，3种花色）8 cm×8 cm各1片
里布20 cm×25 cm1片
铺棉25 cm×30 cm1片
滚边布4 cm×35 cm1片
12 cm拉链1条
咖啡色绣线适量

＊完成尺寸

高11 cm、长15 cm

＊制作顺序

1.将所需的布料依照纸型裁剪好，先拼接前、后表布(图1)。
2.前片表布以贴布缝缝上花朵及叶片，绣上枝干。
3.缝好的表布、铺棉疏缝固定，做压线(图2)。
4.将压缝好的表布正面相对缝合两侧及底(图3)，里布也正面相对缝合两侧及底。
5.将表袋与里袋背对背套在一起(图4)，上口滚边，缝上拉链(图5)即可。

●缝拉链时可先疏缝固定。

图1

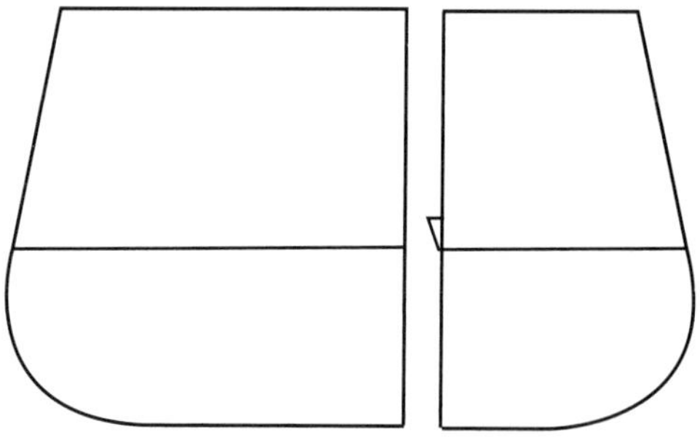

图2

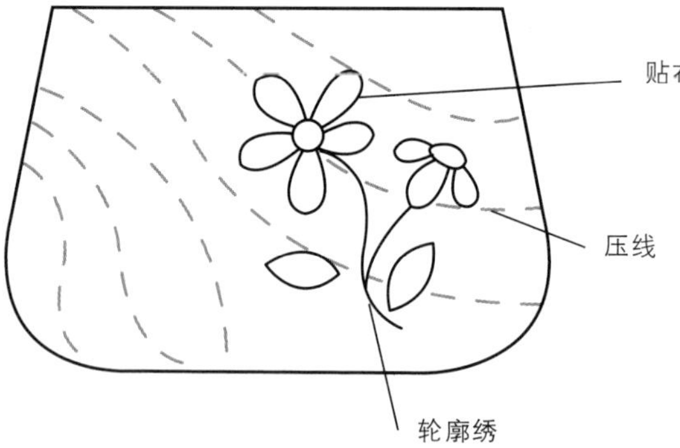

图3

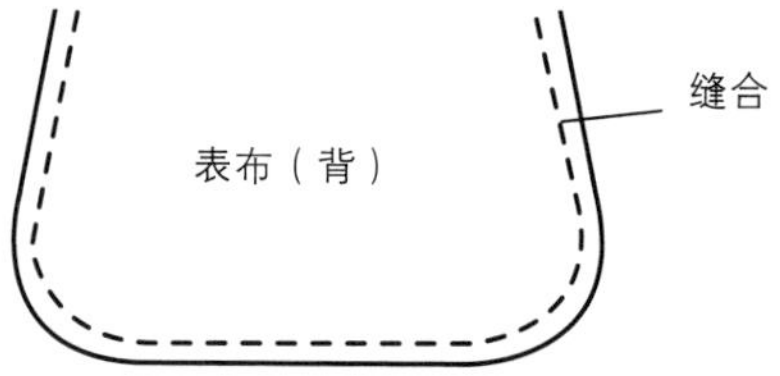

图4

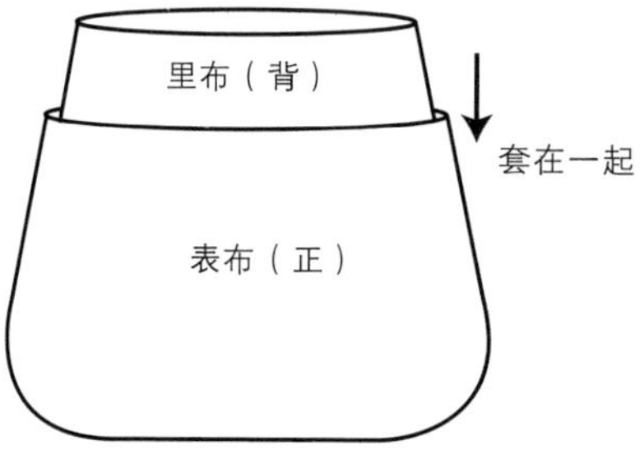

图5

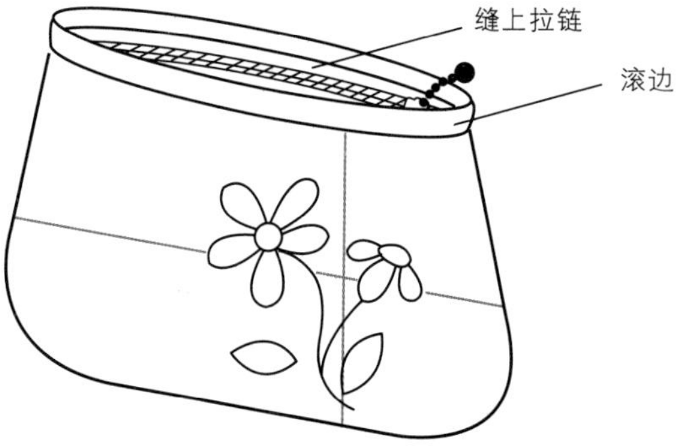

[实物大纸型]
贴布外加缝份0.7 cm

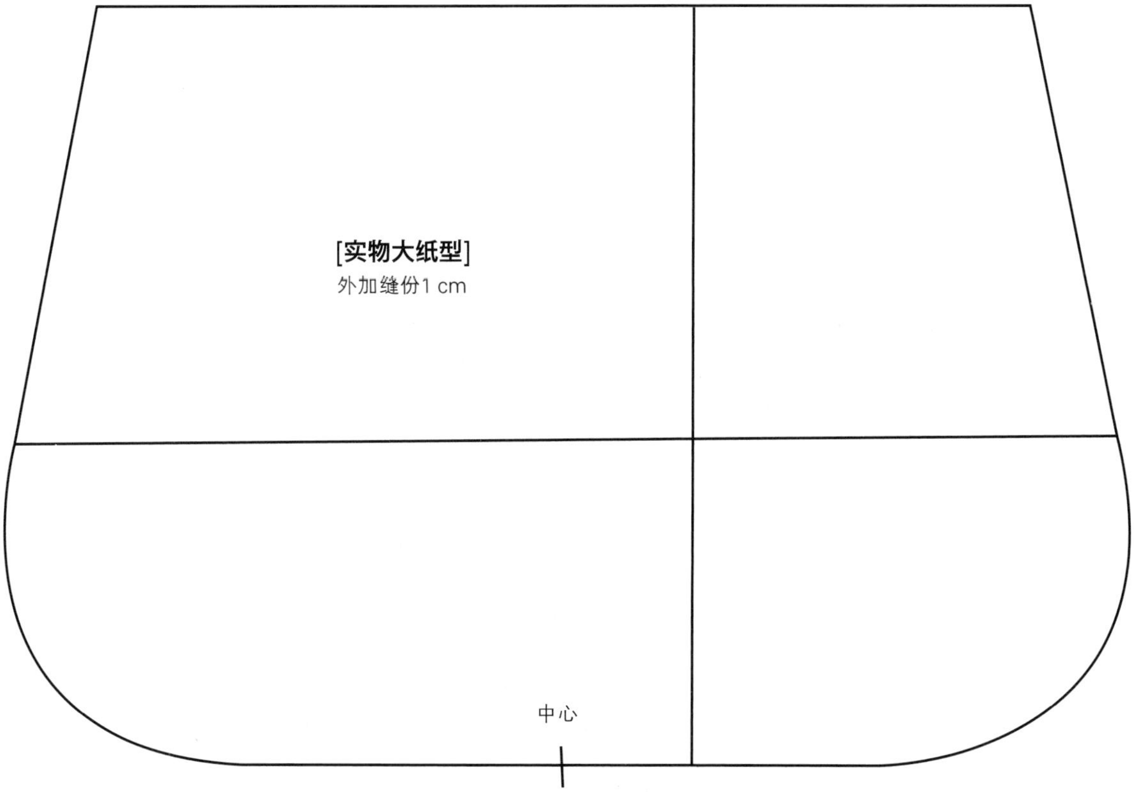

手拿扁包 作品 P20

＊主要材料

表布(黑底白点)11 cm×17 cm1片
表布(黑色素布)10 cm×17 cm1片
表布(白底花布)10 cm×11 cm1片
表布(格子布)17 cm×17 cm1片
里布25 cm×30 cm1片
厚布衬30 cm×45 cm1片
滚边布4 cm×13 cm2片
20 cm拉链1条

＊完成尺寸

高11 cm、长20 cm

＊制作顺序

1.将表布、里布、布衬依照纸型尺寸裁剪(图1)。
2.裁剪好的表布拼接缝合，将表、里布分别烫布衬。
3.表、里布正面相对，夹入拉链，缝合上口，从侧边翻至正面，拉链处装饰压线(图2)。
4.翻至里袋，滚边布于两侧边收边缝合，再由拉链处翻至正面即完成(图3)。

图1

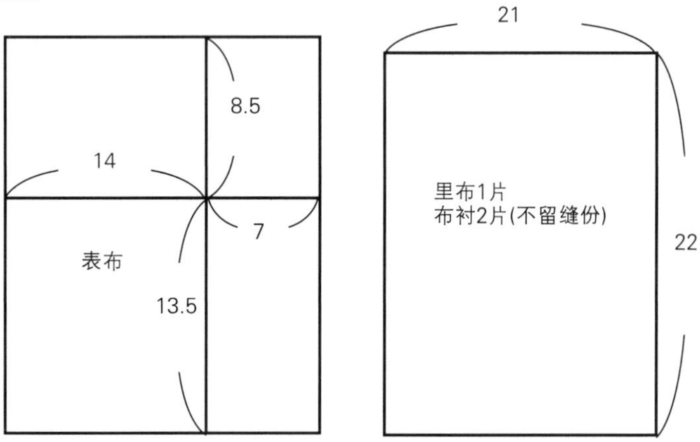

图2

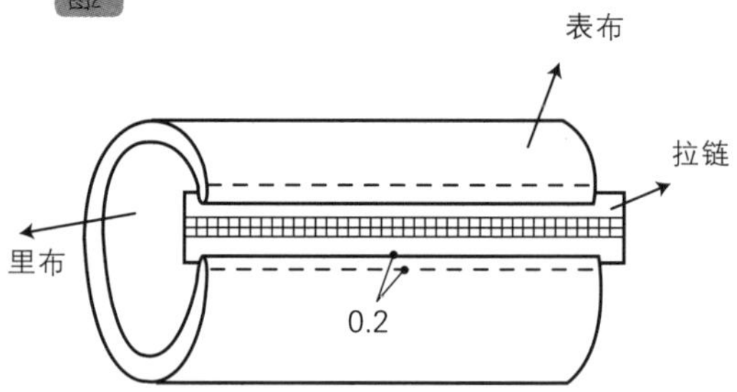

图3

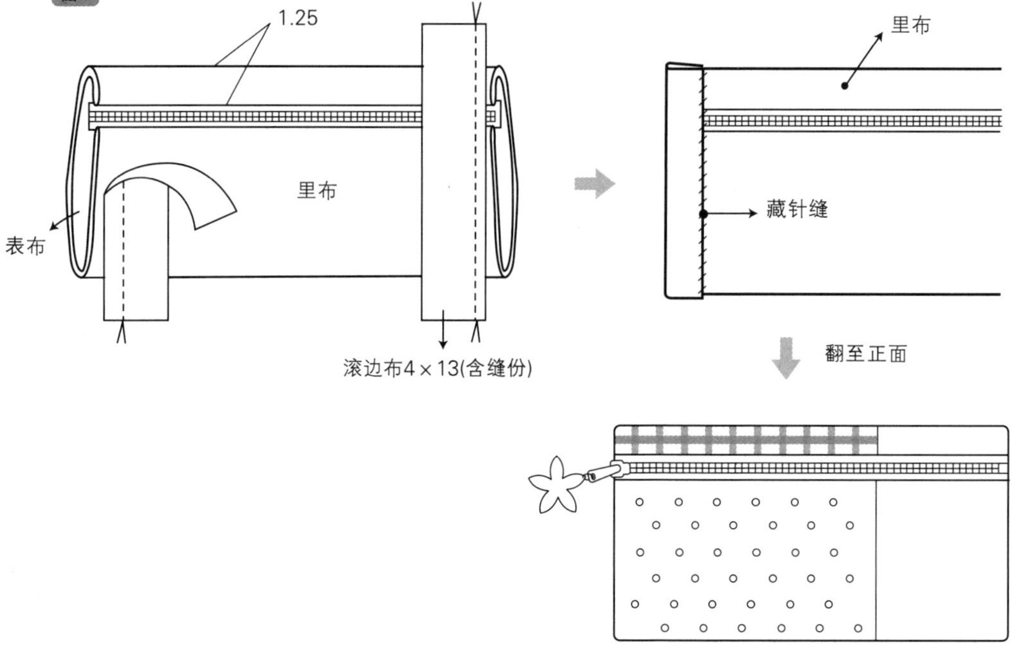

大耳狗零钱包

作品 P24

＊主要材料

浅色表布16 cm×20 cm1片
深色表布20 cm×30 cm1片
里布16 cm×20 cm1片
铺棉16 cm×20 cm1片
12 cm拉链1条
黑色扣子2个

＊完成尺寸

高约6.5 cm、长13 cm

＊制作顺序

1.依照纸型将所需的布料裁剪好，外加缝份1 cm。
2.表布头部及耳朵部分分别烫上铺棉(图1)。
3.以贴布缝将鼻子缝在前后片表布上，缝上拉链；耳朵与里布正面相对缝合，留返口，修剪缝份部分铺棉，翻至正面，以藏针缝缝合返口(图2)。
4.头部前片、后片表布正面相对缝合，翻至正面，上口安装拉链；里布正面相对缝合。
5.将里袋、表袋背对背套在一起，在拉链处以藏针缝缝合，最后缝上眼睛及耳朵(图3)即可。

图1

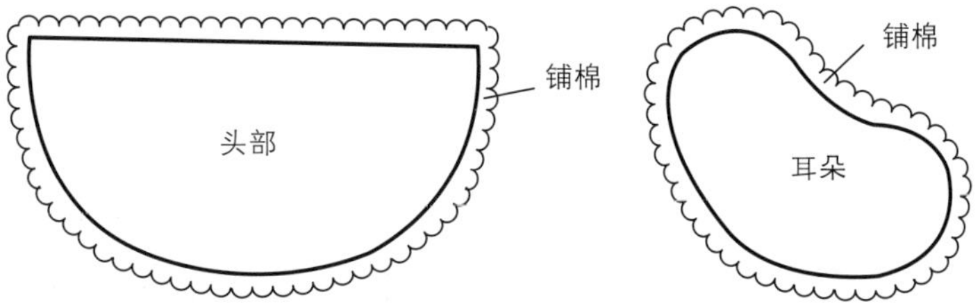

图2

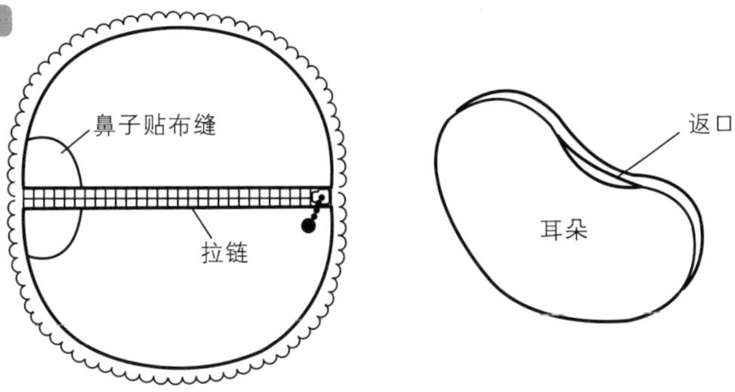

图3

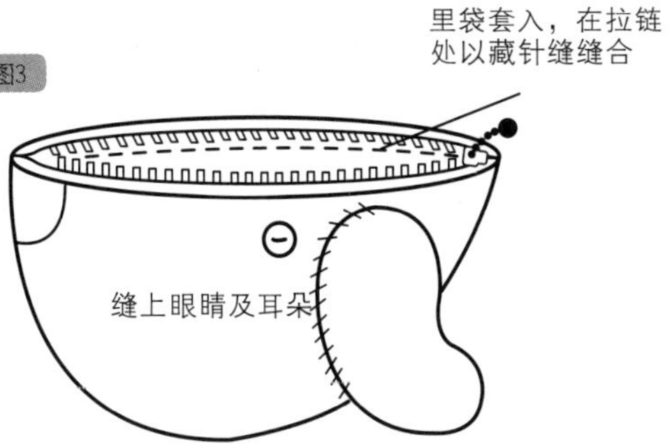

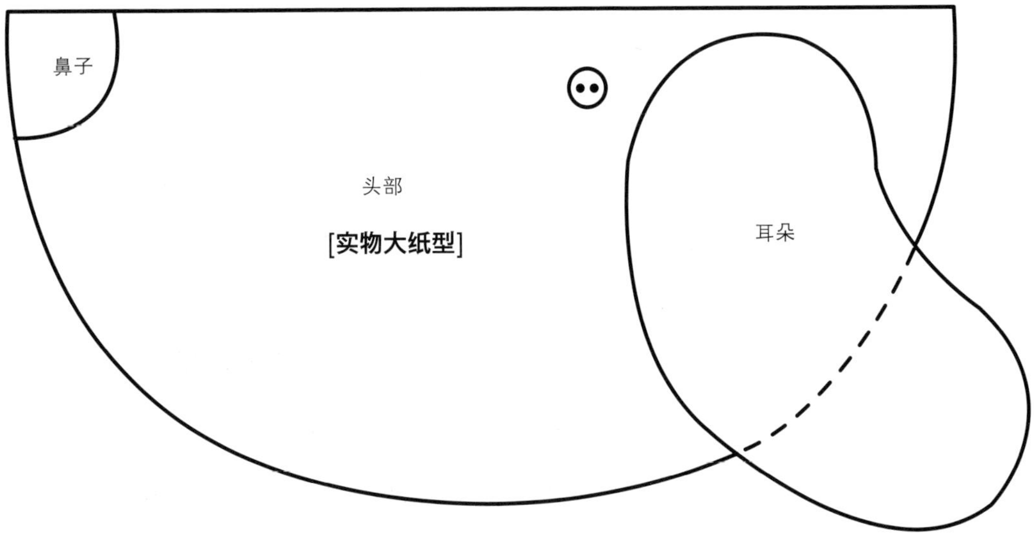

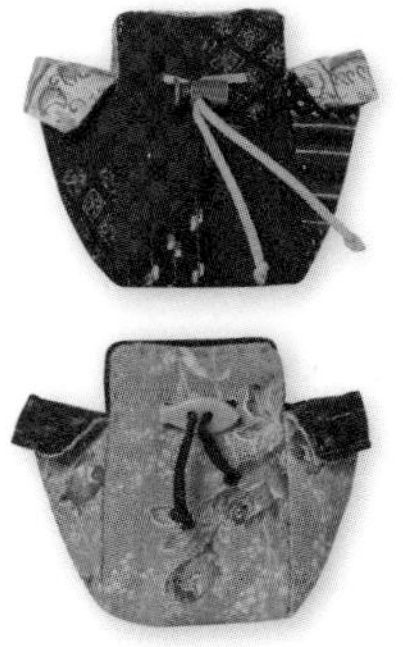

缩口造型零钱包 作品 P27

＊主要材料

表布28 cm×28 cm1片
里布28 cm×28 cm1片
厚布衬28 cm×28 cm1片
皮绳30 cm
造型扣1个

＊完成尺寸

高9 cm、长9 cm、宽6 cm

＊制作顺序

1.将表布、里布、布衬依纸型分别裁剪好，将里布烫衬(图1)。

2.分别将表布、里布四边缝合好，需有一片预留返口(图2)。

3.表袋、里袋正面相对套在一起，缝合上口，利用返口翻回正面，以藏针缝缝合返口，袋口上方压线一圈(图3)。

4.袋口相对，两面分别打洞，穿入皮绳(图4)，再穿入造型扣即可。

图1

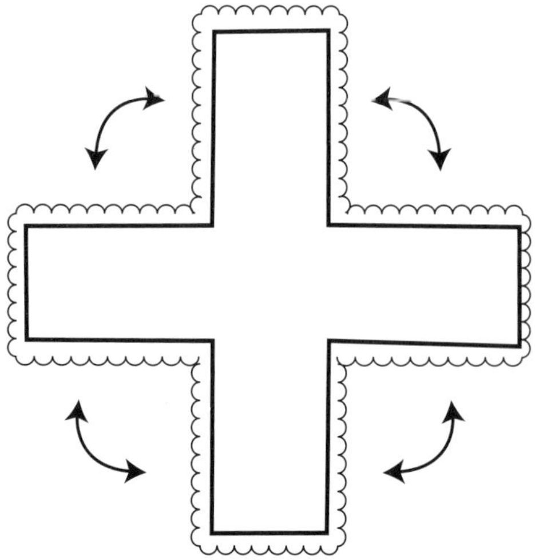

图2

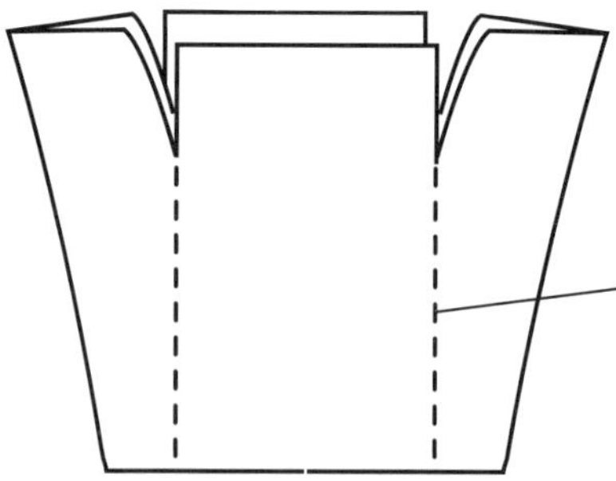

图3

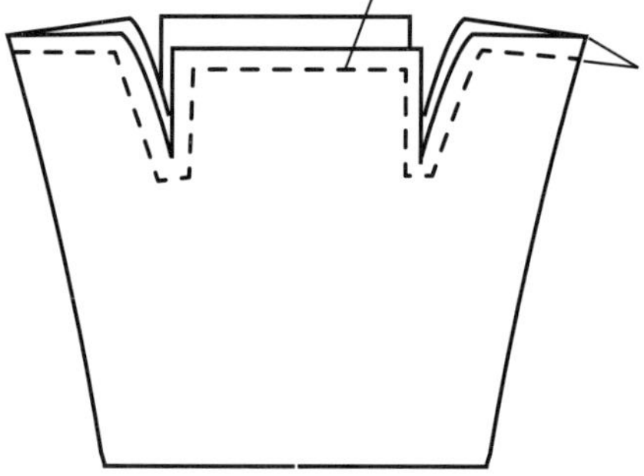

图4

●此袋两面可随意翻面，有不同花样变化。造型扣记得挑扣洞大一些的。

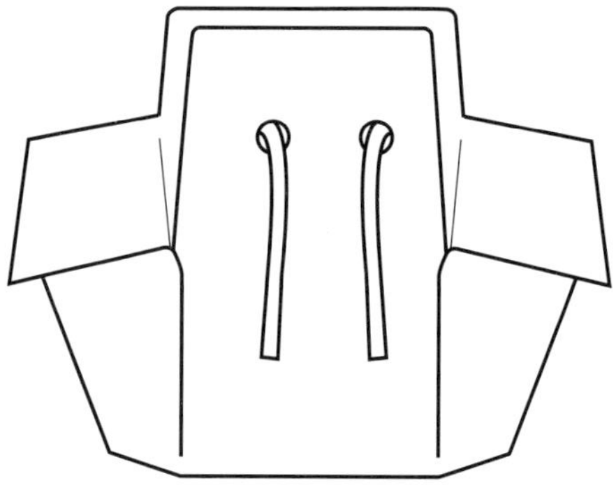

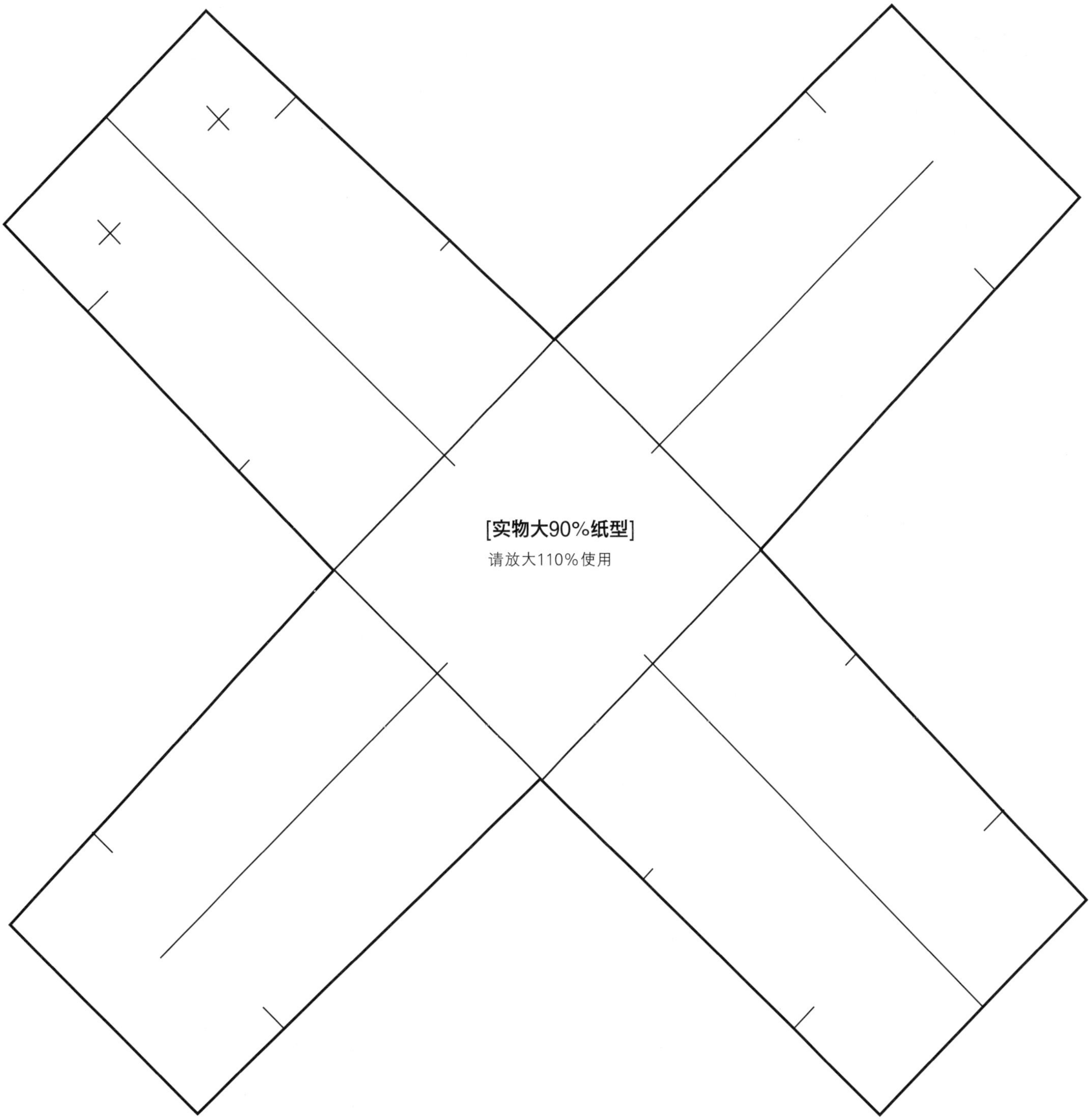
[实物大90%纸型]
请放大110%使用

小脚丫零钱包 作品 P25

＊主要材料

表布(深色)12 cm×25 cm1片

表布(浅色)12 cm×15 cm1片

里布12 cm×25 cm1片

铺棉15 cm×30 cm1片

12 cm拉链1条

＊完成尺寸

高约9.5 cm、长8.5 cm

＊制作顺序

1. 前片：将深色表布画上脚印(图1)。
2. 脚印中间剪空，中间夹入浅色布后再做贴布缝(图2)，中间贴布缝部分要剪牙口。
3. 贴布缝后加铺棉压线，再将表里布正面相对，缝合，留返口(图3)。
4. 修剪缝份部分铺棉，翻回正面，以藏针缝缝合返口(图4)。
5. 后片：将深色表布画上脚印，加铺棉，再将表里布正面相对，缝合，留返口，修剪缝份部分铺棉，翻回正面，以藏针缝缝合返口。
6. 于脚跟处留出拉链位置，先将前、后片以卷针缝缝合，再将拉链缝上(图5)即可。

●此作品选布上以深浅配色为佳，完成的作品立体感十足。

图1

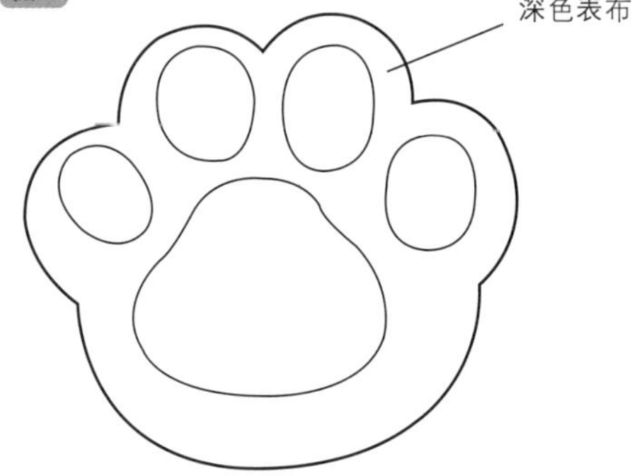

图2

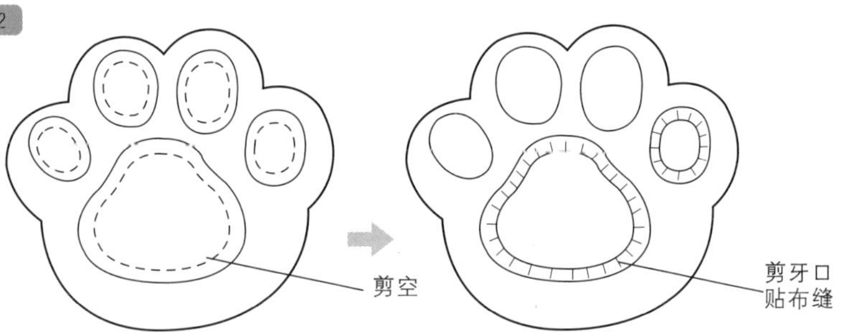

图3

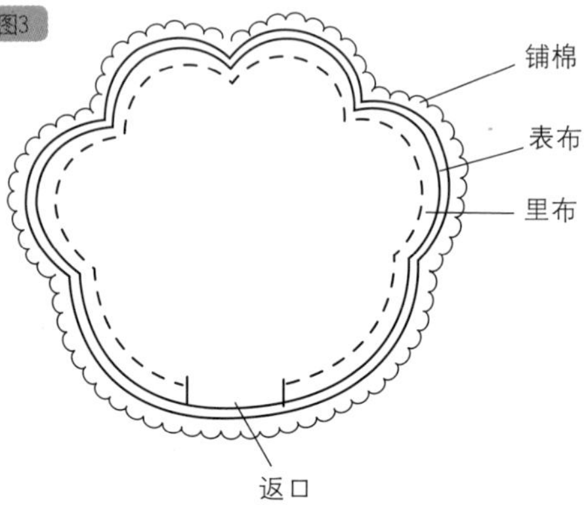

图4

图5

中国风零钱包

作品 P34

＊主要材料

表布30 cm×30 cm1片

里布30 cm×30 cm1片

单胶铺棉30 cm×35 cm1片

滚边布4 cm×25 cm1片

10 cm拉链1条

中国盘扣3个

＊完成尺寸

高约11 cm、长12 cm

＊制作顺序

1.依纸型裁表布2片，里布2片，单胶铺棉2片，领子2片(图1)，外加缝份1 cm。

2.将表布2片烫铺棉(图2)。

3.将里布与领子分别缝合。领子翻到正面压缝，领子两侧往内折固定(图3)。

4.表布正面相对，并将领子夹入中间，缝合(图4)。缝好将铺棉修小，弧度处剪牙口。

5.表布翻回正面，里布套入表袋，袋口处滚边，缝上拉链，再缝上中国盘扣装饰即可(图5)。

●盘扣位置可以随喜好缝在适当位置。

图1

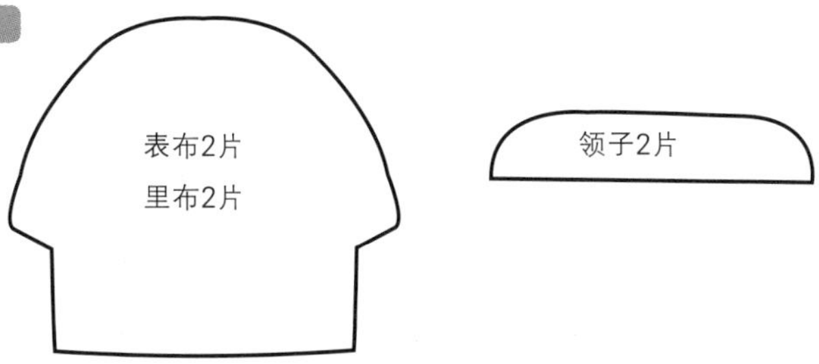

图2

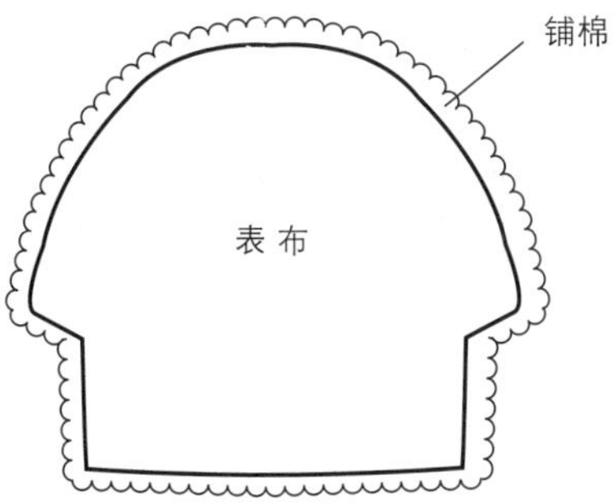

图3

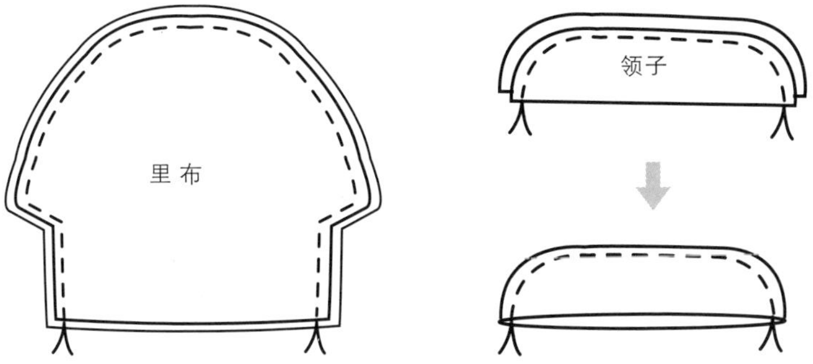

图4

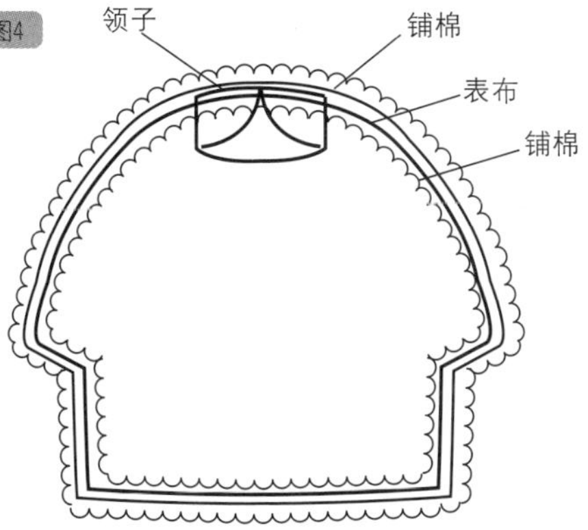

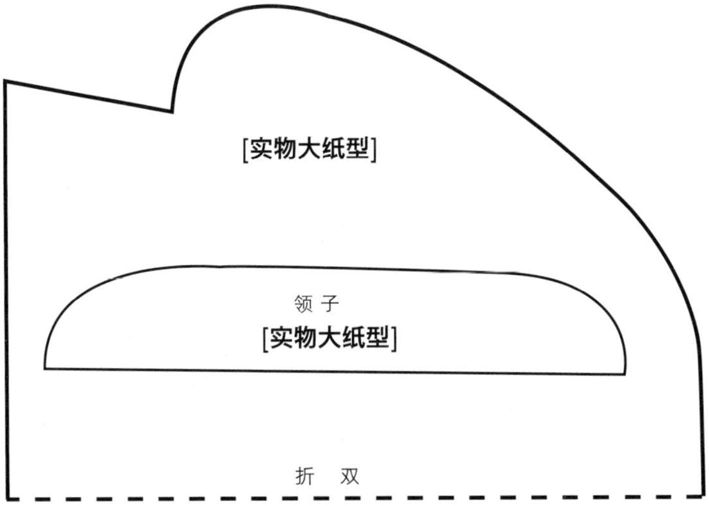

图5

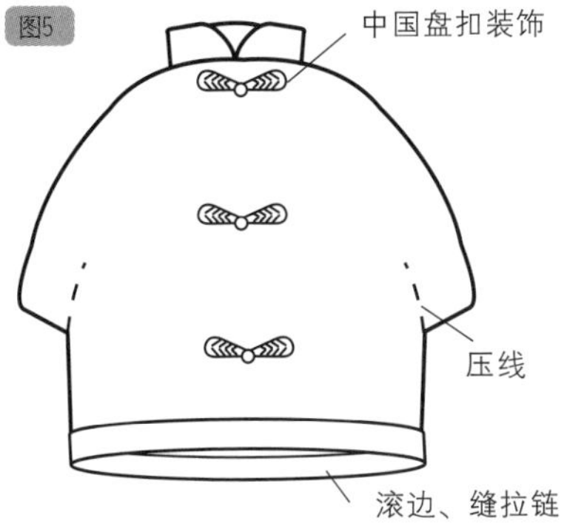

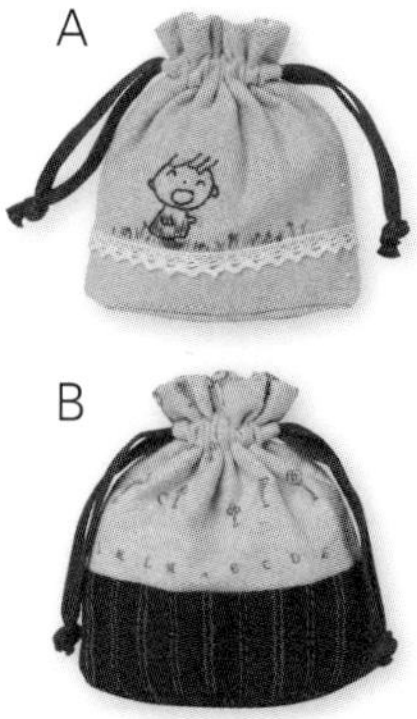

迷你束口袋 作品 P28

＊主要材料

表布(A款)25 cm×35 cm1片
表布(B款)12 cm×30 cm1片
表布(B款)10 cm×30 cm1片
里布25 cm×35 cm1片
皮绳90 cm
蕾丝30 cm
布标1片
各色绣线适量

＊完成尺寸

高11 cm、长13 cm、宽4 cm

＊制作顺序

1.将表布、里布依照纸型尺寸裁剪(图1)，外加缝份1 cm。

2.A款表布先缝上布标及蕾丝，再刺绣装饰；B款则拼接表布。

3.表布、里布分别接缝两侧及底部，表布预留穿绳口不缝，里布也预留返口，完成表袋、里袋(图2)。

4.表袋与里袋正面相对套在一起，缝合上口，从返口翻回正面，以藏针缝缝合返口。

5.穿绳处缝表里袋上两道装饰线，穿入皮绳(图3)即可。

图1

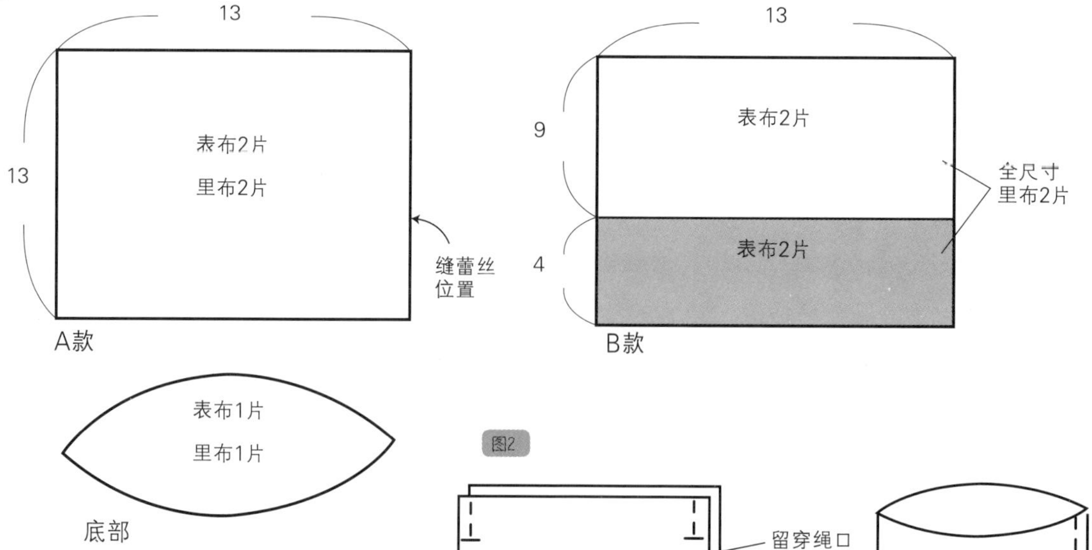

图2

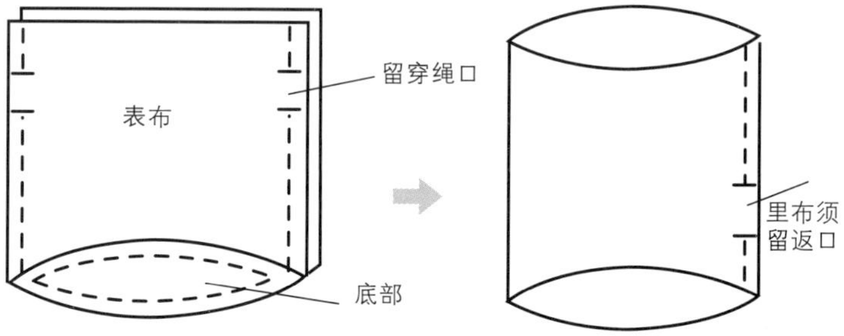

图3

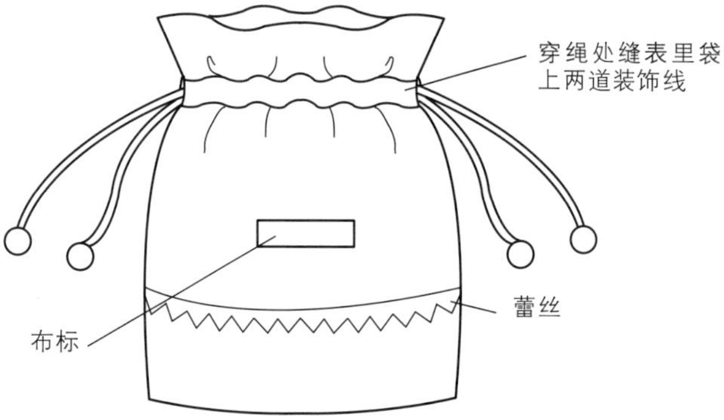

[实物大纸型]
[实物大绣图]

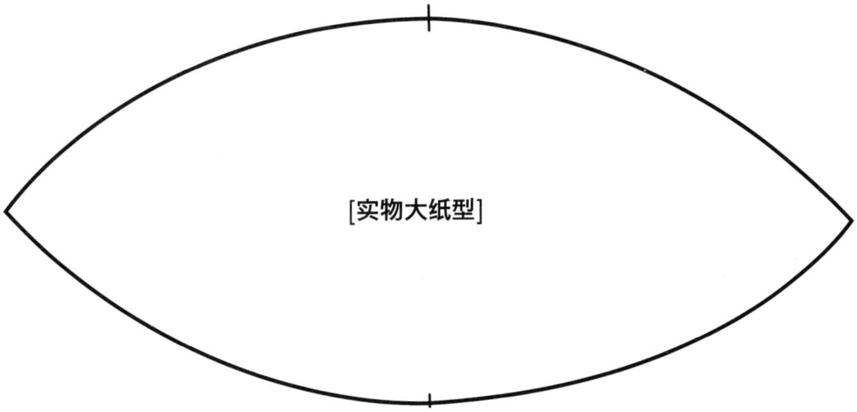
[实物大纸型]

苹果零钱包 作品 P26

＊主要材料

表布(红色棉布)14 cm×23 cm1片
表布(米色棉布)9 cm×11 cm1片
表布(浅米色棉布)6 cm×7 cm1片
表布(绿色花布)6 cm×10 cm1片
里布14 cm×23 cm1片
铺棉14 cm×23 cm1片
仿皮1 cm×10 cm1片
15 cm拉链1条
造型扣1个
布标1片
黑色绣线少许

＊完成尺寸

高约8 cm、长11 cm

＊制作顺序

1.将所需的表布、里布依照纸型裁剪好，再将裁剪好的米色棉布与前片先以贴布缝缝好(图1)。

2.将准备好的前片、后片表布与铺棉固定，参照附图绣上所需的图案并压线(图2)。

3.前片、后片分别与里布正面相对缝合，留返口翻回正面，以藏针缝缝合返口，留意前片需夹入仿皮(图3)，后片缝上布标与造型扣(图4)。

4.将前片、后片以卷针缝缝合，缝上拉链。

5.制作叶子：将表布正面相对缝合，留返口翻回正面，返口以藏针缝缝合，底部缩缝。再将做好的叶子与拉链头固定(图5)即可。

图1

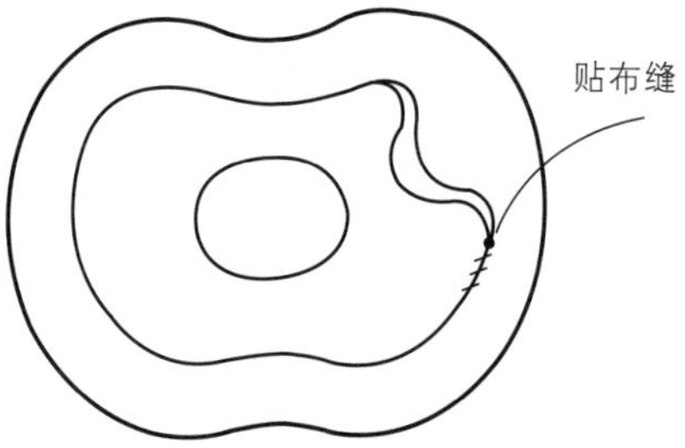

图2

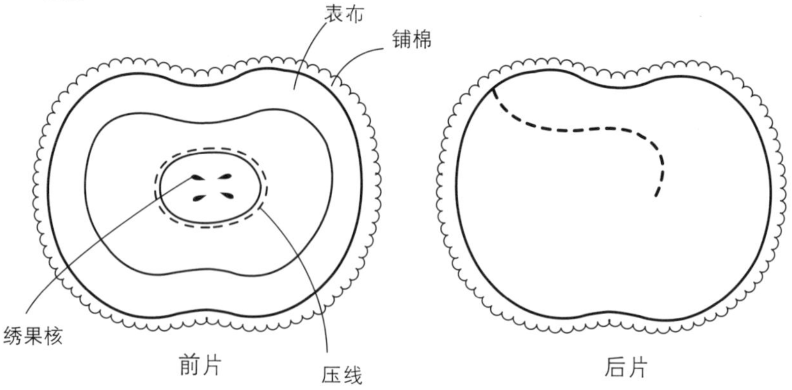

图3

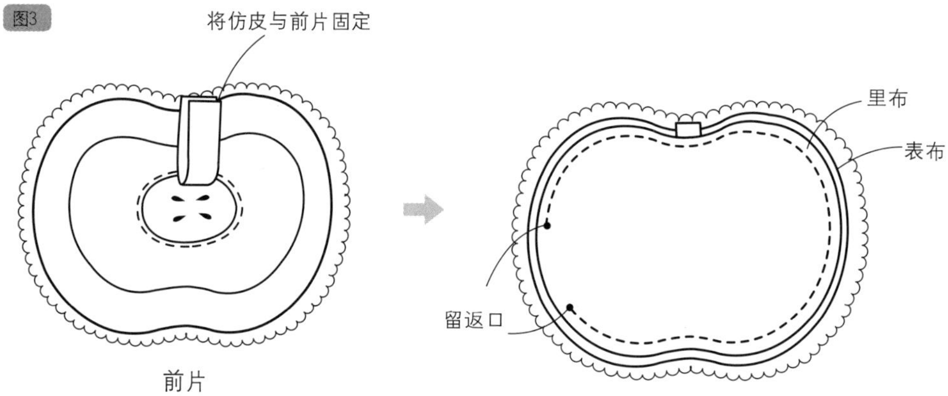

图4

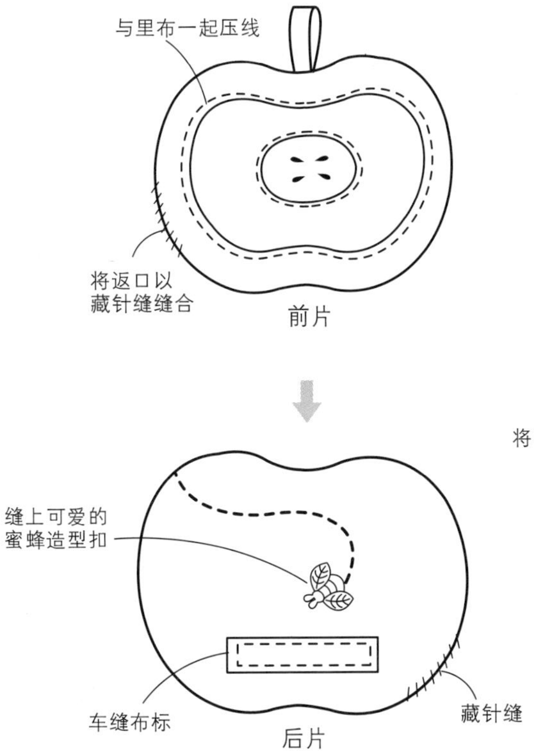
与里布一起压线
将返口以
藏针缝缝合
前片
缝上可爱的
蜜蜂造型扣
车缝布标
藏针缝
后片

图5 叶子

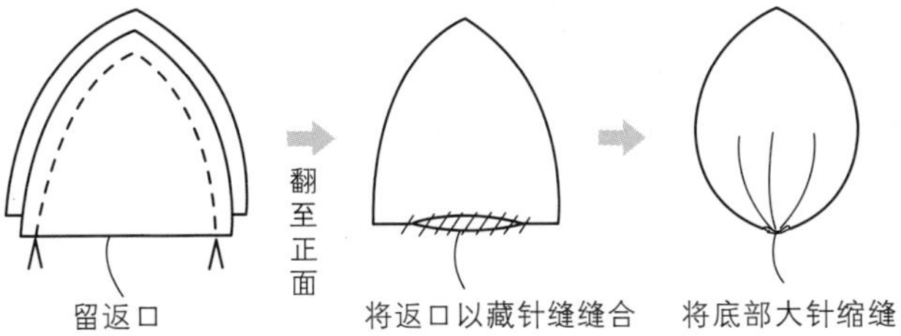
留返口
翻至正面
将返口以藏针缝缝合
将底部大针缩缝

将叶子与拉链头固定
缝拉链
卷针缝

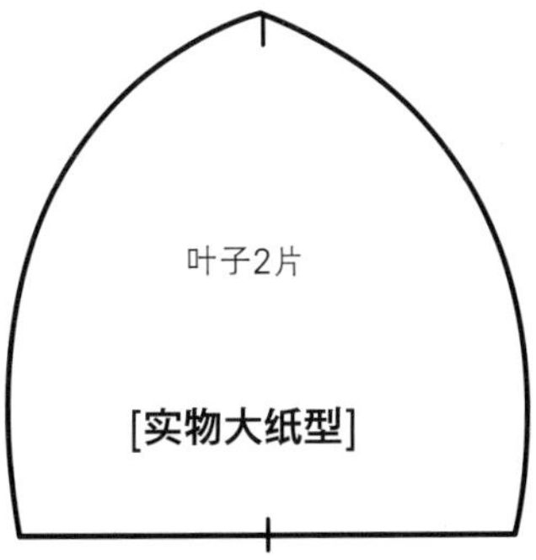
叶子2片
[实物大纸型]

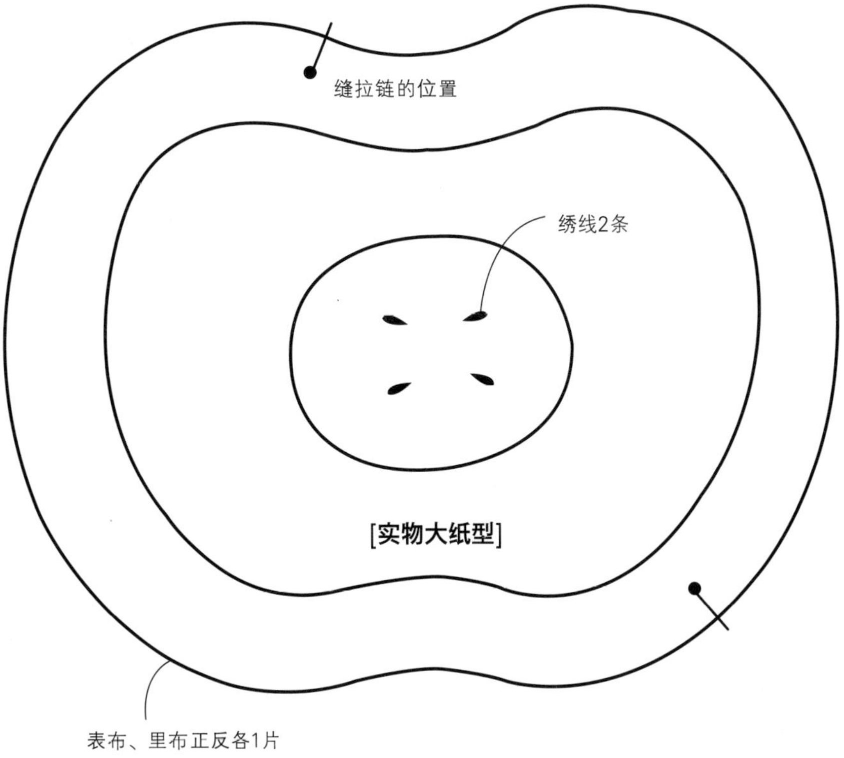
缝拉链的位置
绣线2条
[实物大纸型]
表布、里布正反各1片

居家立式零钱收纳包 作品 P32

＊主要材料

表布25 cm×35 cm1片
花布10 cm×18 cm1片
里布25 cm×35 cm1片
单胶铺棉25 cm×35 cm1片
磁扣1组

＊完成尺寸

高约6 cm、长6 cm、宽9 cm

＊制作顺序

1.依纸型尺寸裁袋身、袋底，表、里各1片，花布依尺寸裁剪好(图1)，外加缝份1 cm。
2.袋身表布与袋底表布分别烫好铺棉，将袋身表布先接缝好再与袋底表布接合，完成表袋；里袋也同法完成(图2)。
3.封口依纸型裁出2片，正面相对缝合，留返口，翻回正面，返口以藏针缝缝合，装饰压线一圈(图3)。
4.蝴蝶结花布如图折好后接缝两侧，从中间返口翻回正面；另一小块花布折4折后压线固定。将蝴蝶结如图固定(图4)。
5.表袋与里袋正面相对套在一起，夹入封口，将上口缝合，留返口，翻回正面，以藏针缝缝合返口，上口装饰压线，缝上蝴蝶结。
6.封口与表袋上缝上磁扣(图5)即可。

图1

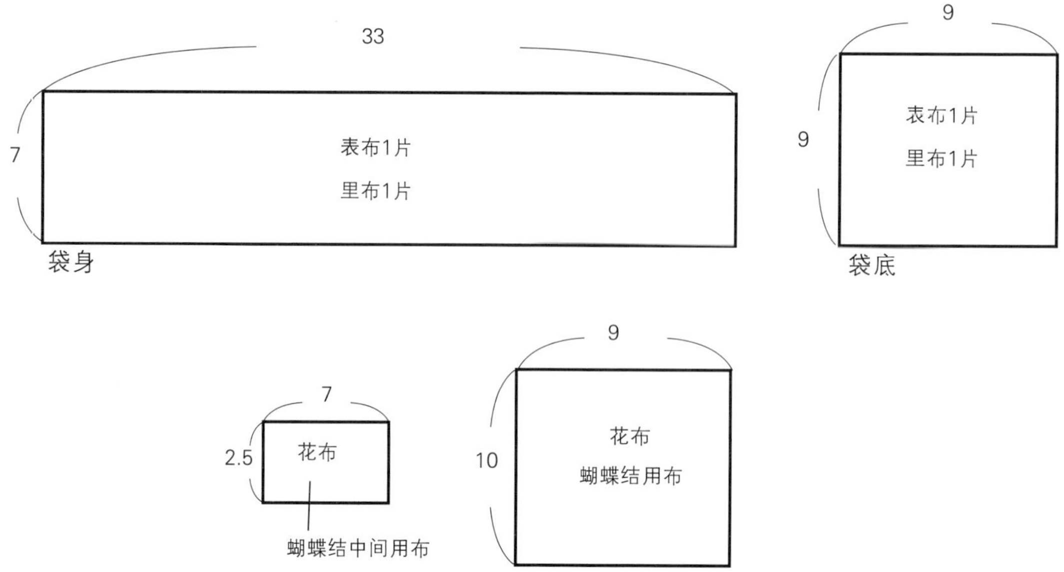

图2

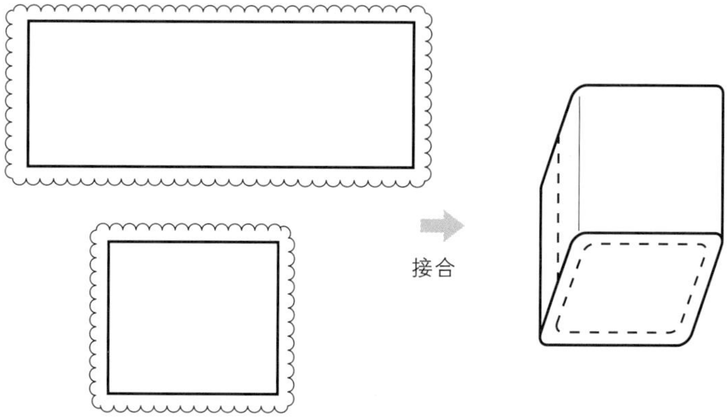

图3

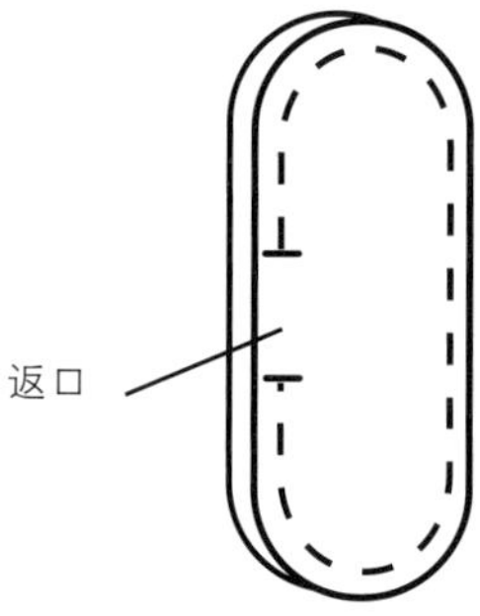

图4

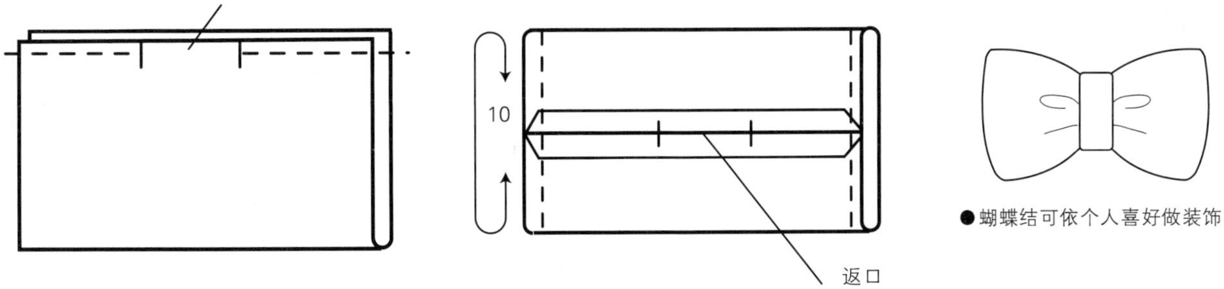

●蝴蝶结可依个人喜好做装饰。

图5

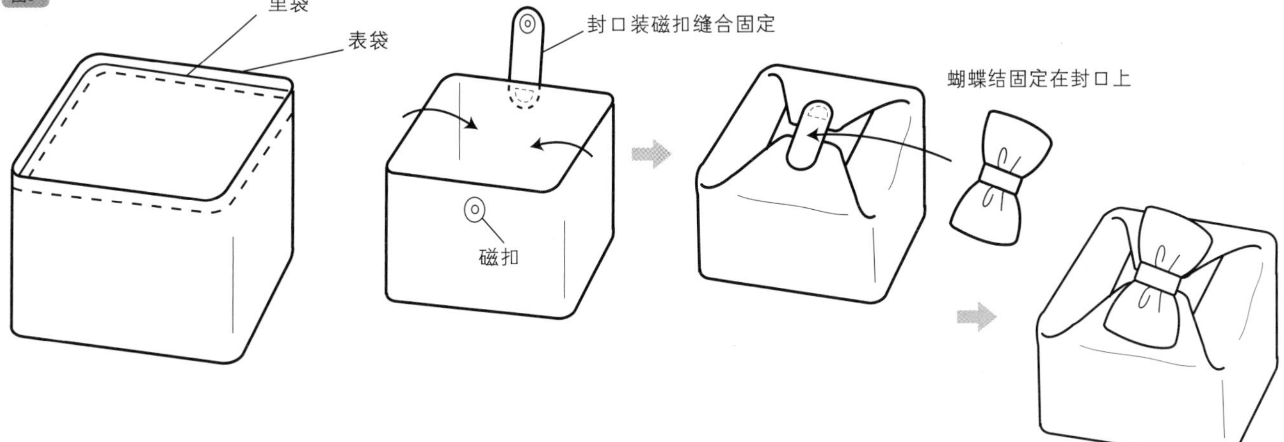

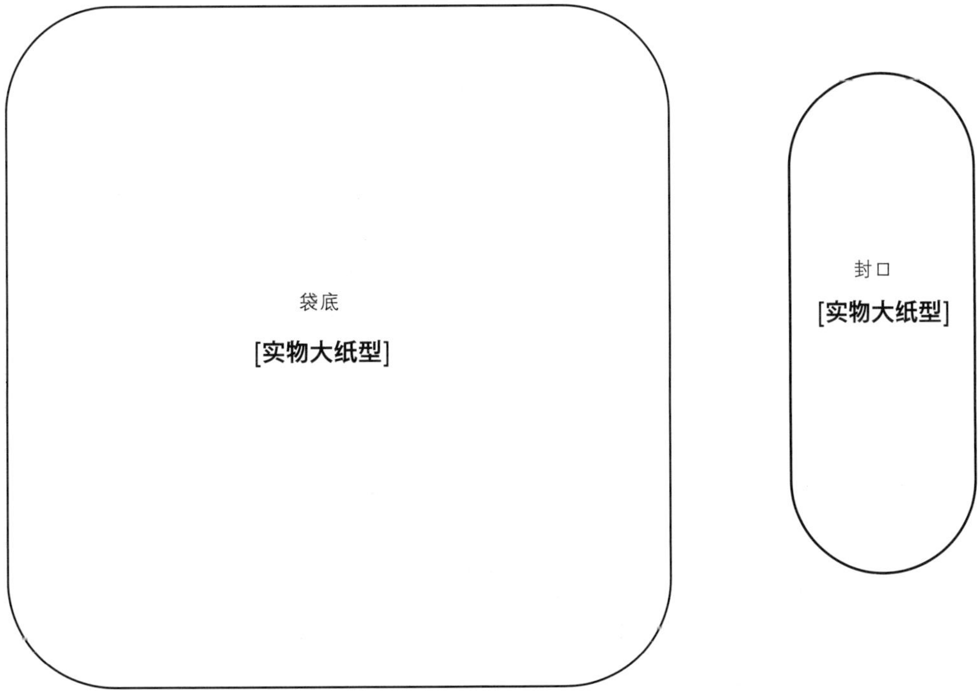

鱼形挂链包 作品 P35

＊主要材料

素布20 cm×20 cm1片
花布20 cm×20 cm1片
里布15 cm×20 cm1片
白色不织布少许
黑色小珠子2颗
皮绳约180 cm

＊完成尺寸

高7 cm、长15 cm

＊制作顺序

1.表布、花布与里布依照纸型裁剪，外加缝份0.7 cm(图1)。
2.将鳍与尾部分别正面相对缝合，留返口，由返口翻回正面(图2)。
3.将头部与身部正面相对，中间夹入鳍部，接缝，完成两片。
4.步骤3完成的两片正面相对，夹入尾部于固定位置，缝合，留返口，翻回正面(图3)，完成表袋。
5.里布正面相对缝合，再与步骤4完成的表袋背对背套在一起。
6.口布折好后套上表布与里布，两侧夹入皮绳后以藏针缝缝合，留通口，穿入皮绳(图4)。
7.眼睛部位缝上不织布与黑色小珠子装饰(图5)即可。

图1

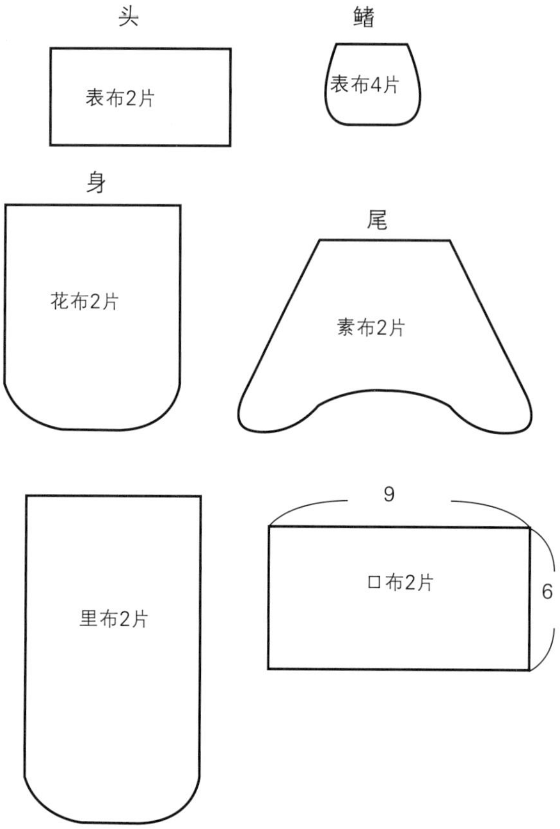

图2

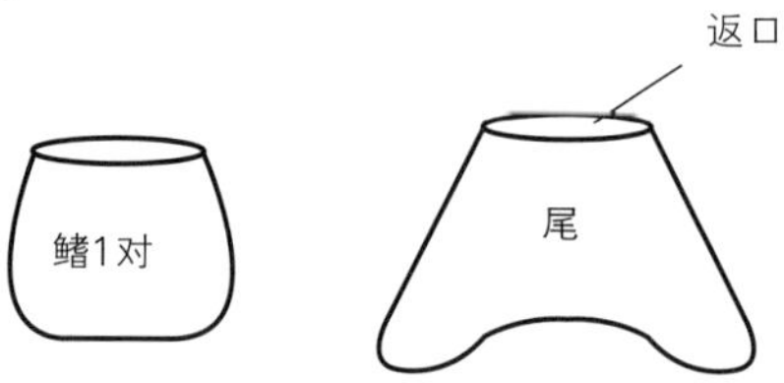

图3

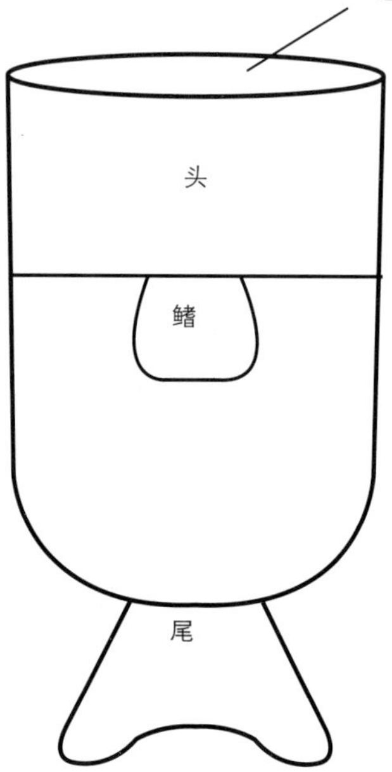

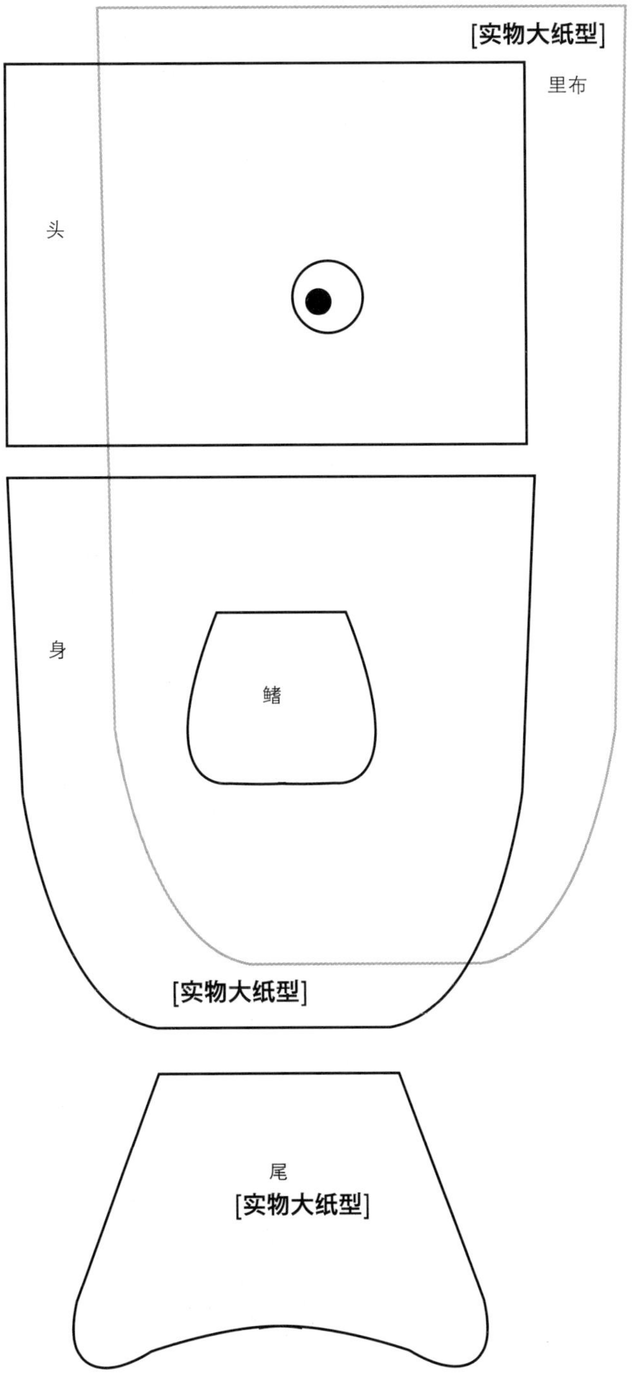

图4

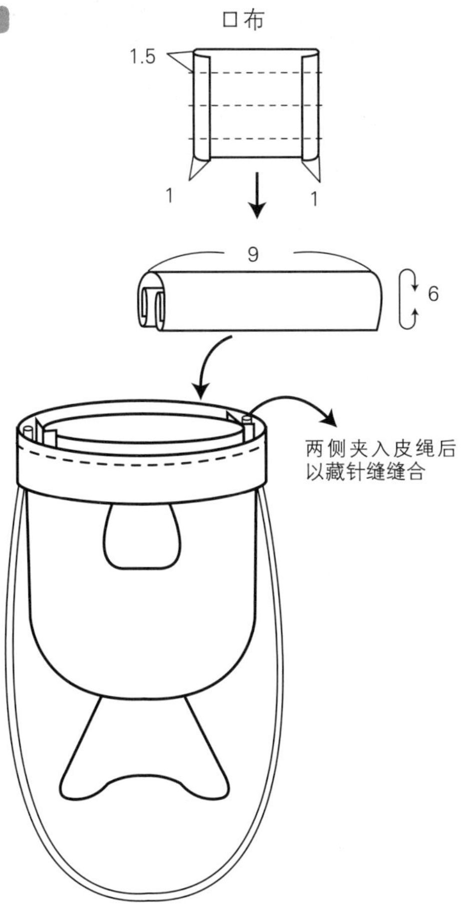

图5

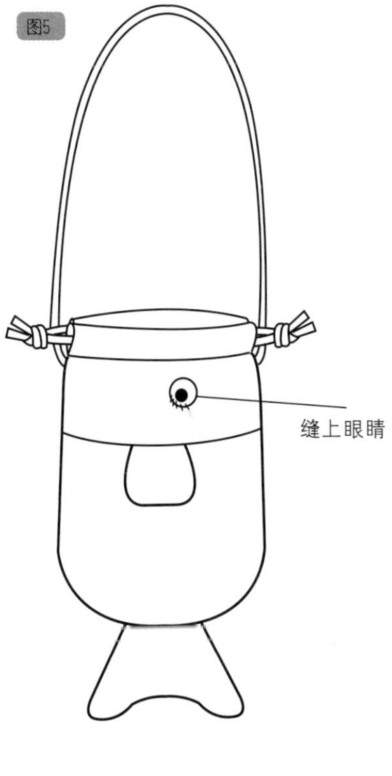

和风感手挽零钱包

作品 P42

＊主要材料

表布(花布)19 cm×25 cm1片
表布(圆点布)19 cm×36 cm1片
表布(红花棉布)3 cm×34 cm1片
5 cm×5 cm1片
里布19 cm×36 cm1片
厚布衬35 cm×35 cm1片
皮提手1条
包扣1个
布标1片
细皮绳20 cm2条
附D形环皮片2个

＊完成尺寸

高15 cm、长17 cm、宽4.5 cm

＊制作顺序

1.将所需表布、里布与布衬，依照纸型尺寸裁剪(图1)；里布依喜好位置缝上布标。

2.袋盖部分，将裁剪好的布衬烫于表布背面，翻回正面，装饰压线(图2)。

3.袋身部分，将布衬烫于表布背面，如图对折后缝合两侧；里布也对折后缝合两侧，留一返口。表、里布皆折袋底4 cm(图3)。

4.把3 cm×34 cm斜布条接缝成圈后对折，与袋盖一起固定于表布的袋口(图4)。

5.将表袋、里袋正面相对套在一起，缝合上口(图5)，从返口翻回正面。

6.袋口装饰压线。

7.用5 cm×5 cm布片制作包扣，缝于固定位置；袋身两侧缝上附D形环皮片；细皮绳对折后缝于袋盖，量适当距离后打结固定(图6)即可。

图1 表、里布外加缝份1 cm，布衬不留缝份

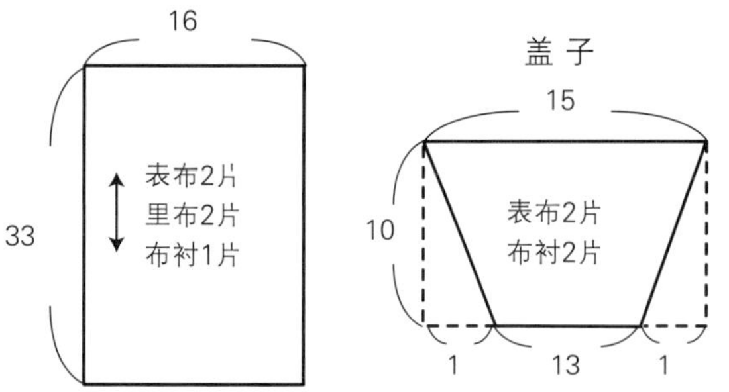

图2

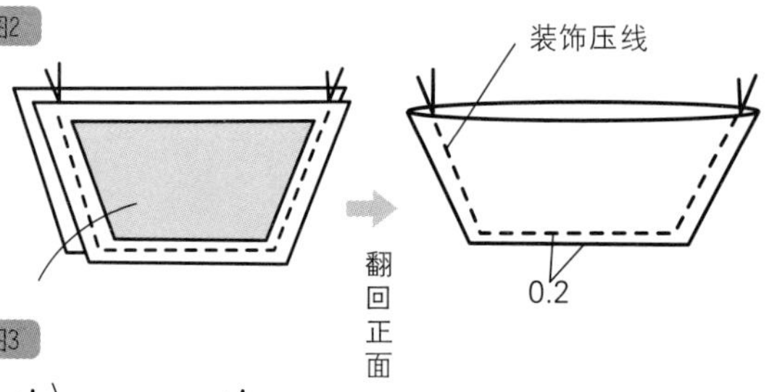

图3

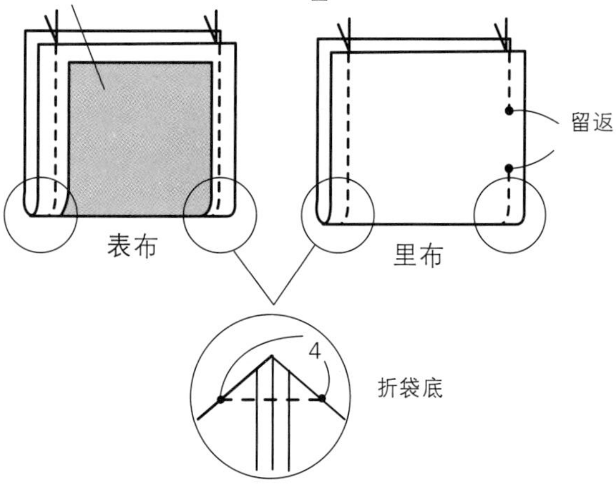

图4

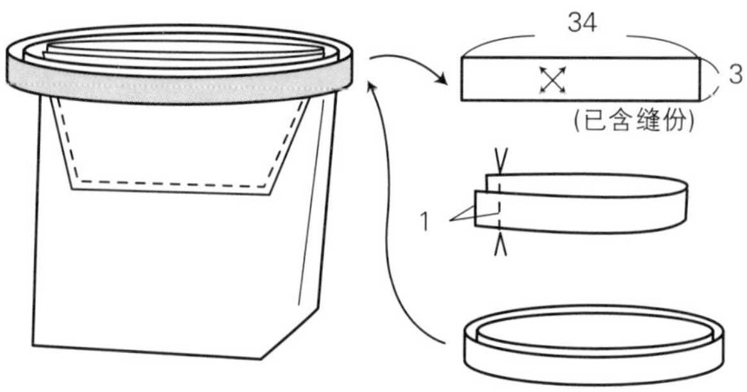

图5

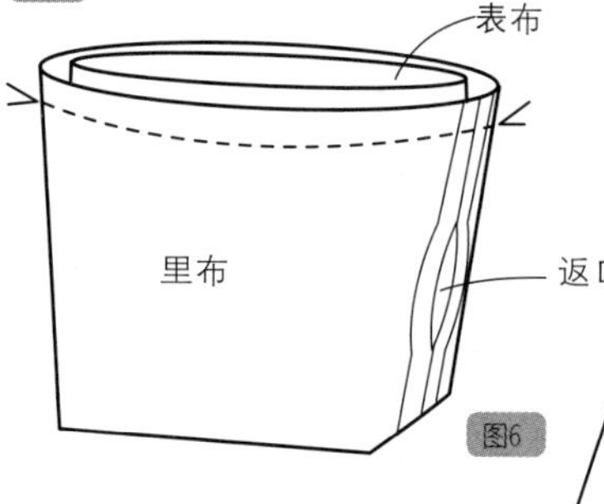

图6

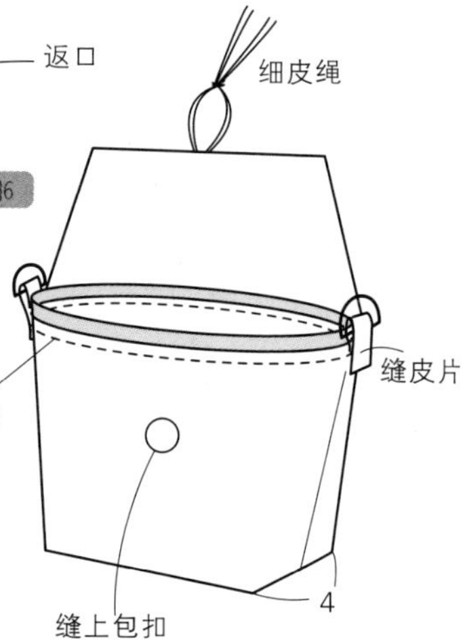

轻便小提包 作品 P43

＊主要材料

表布A20 cm × 50 cm1片
表布B23 cm × 25 cm1片
里布23 cm × 43 cm1片
厚布衬55 cm × 55 cm1片
25 cm拉链1条
提手1组
拉链皮尾片2组

＊完成尺寸

高18 cm、长20 cm、宽6.5 cm

●提包内部可以依使用需要制作夹层或口袋。

＊制作顺序

1.先将表布、里布与布衬分别依照所需尺寸裁剪，再将裁剪好的布衬分别烫在表布及里布的背面。

2.将表布、里布分别拼缝好，表布装饰压线(图1)。

3.表布、里布分别对折缝合两侧边，并折底6 cm，里布需预留返口(图2)。

4.表袋与里袋正面相对套在一起，袋口缝合(图3)。

5.由返口将袋物翻回正面，再于袋口缝上装饰线。

6.拉链两端缝上皮尾片，再以藏针缝缝于袋口。

7.提手缝于适当位置(图4)即可。

图1 表布、里布外加缝份1 cm，布衬不留缝份

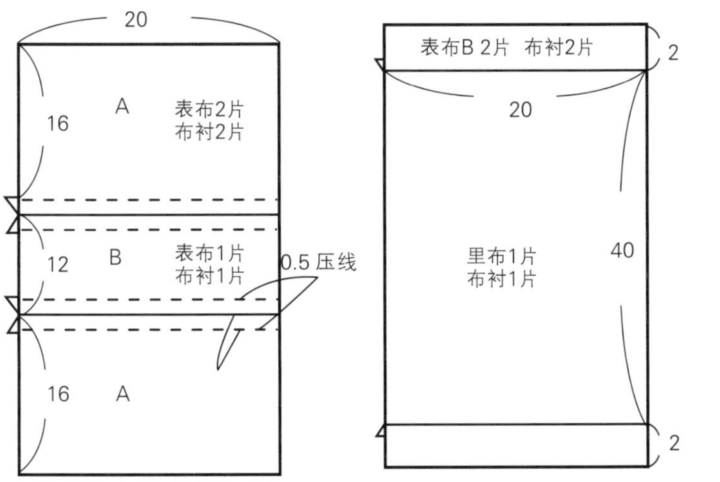

图2

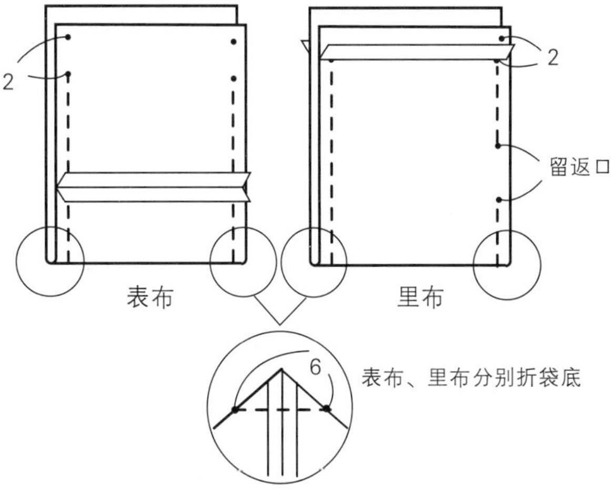

图3

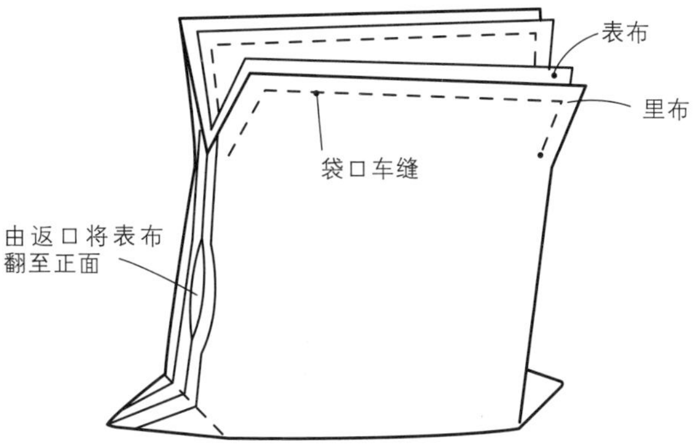

图4

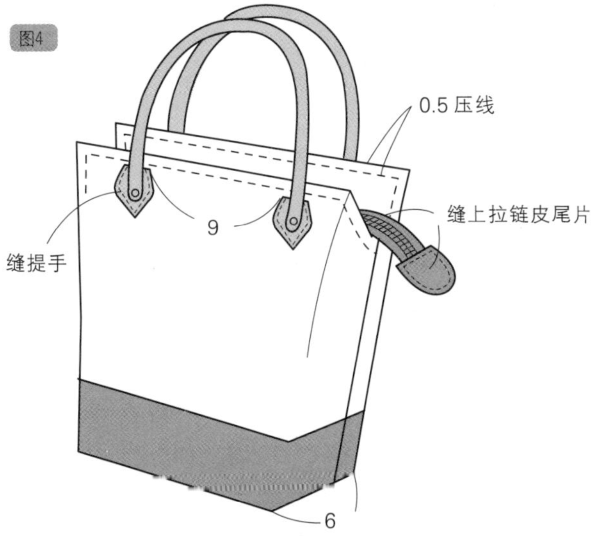

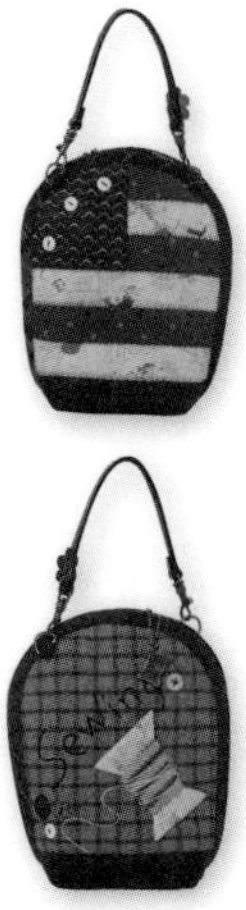

星条旗手提零钱包 作品 P51

＊主要材料

表布A蓝底条纹11 cm×11 cm1片
表布B红底花布11 cm×19 cm1片
表布C白底花布16 cm×19 cm1片
表布D蓝色素布16 cm×19 cm1片
表布E红格子布20 cm×20 cm1片
线轴贴布用花布少量
里布55 cm×60 cm1片
铺棉21 cm×50 cm1片
滚边布4 cm×125 cm1片
25 cm拉链2条
13 cm口金
造型扣4个
D形环2个
提手1条
黑色绣线适量

＊完成尺寸

高18 cm、长16 cm、宽6 cm

＊制作顺序

1. 先将表布依照纸型尺寸裁剪，再将裁剪好的表布依序拼接缝合。
2. 拼接好的表布依序进行贴布缝，绣上文字及图案(图1)。
3. 将缝好的表布、铺棉与里布三层疏缝固定，压线，压线完成后将扣子缝上固定(图2)。
4. 将里布隔层口袋缝制完成，与里布固定(图3)；制作挂耳布，放入D形环备用。
5. 将固定好的表布、里布缝上滚边，表布于提手安装位置夹入挂耳，缝上拉链，缝袋底5 cm即可(图4)。

图1

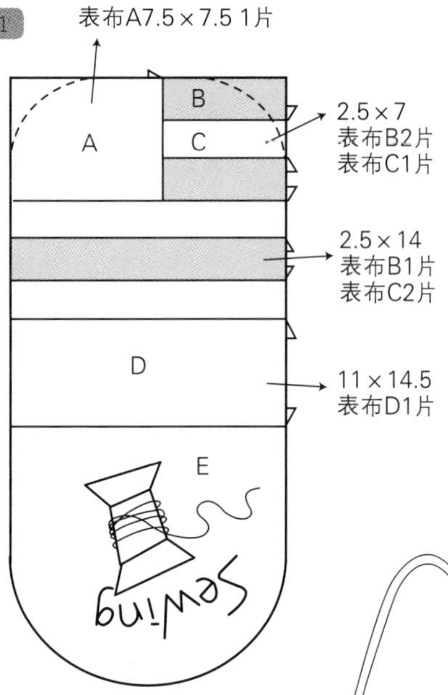

图2

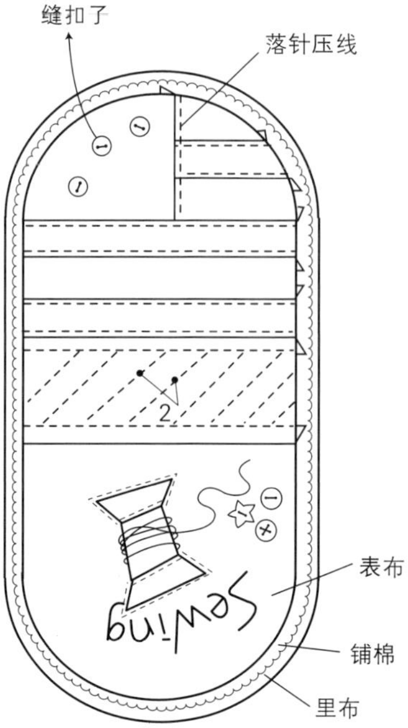

图3

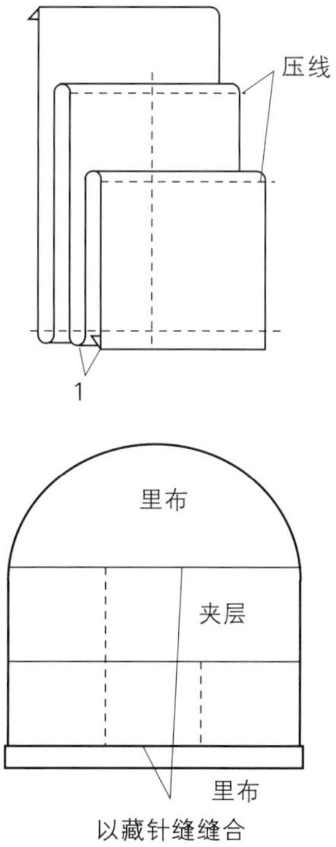

图4

挂耳

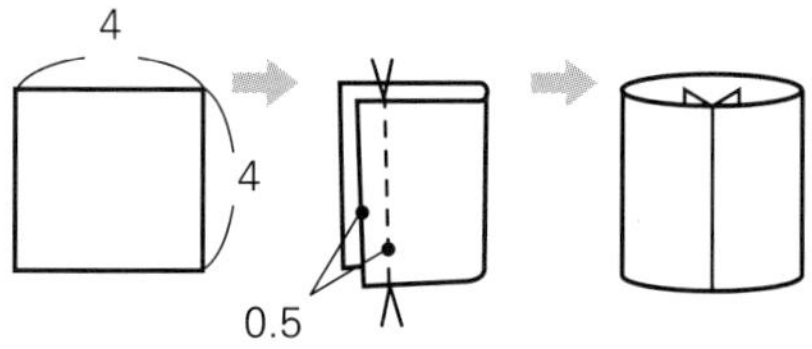

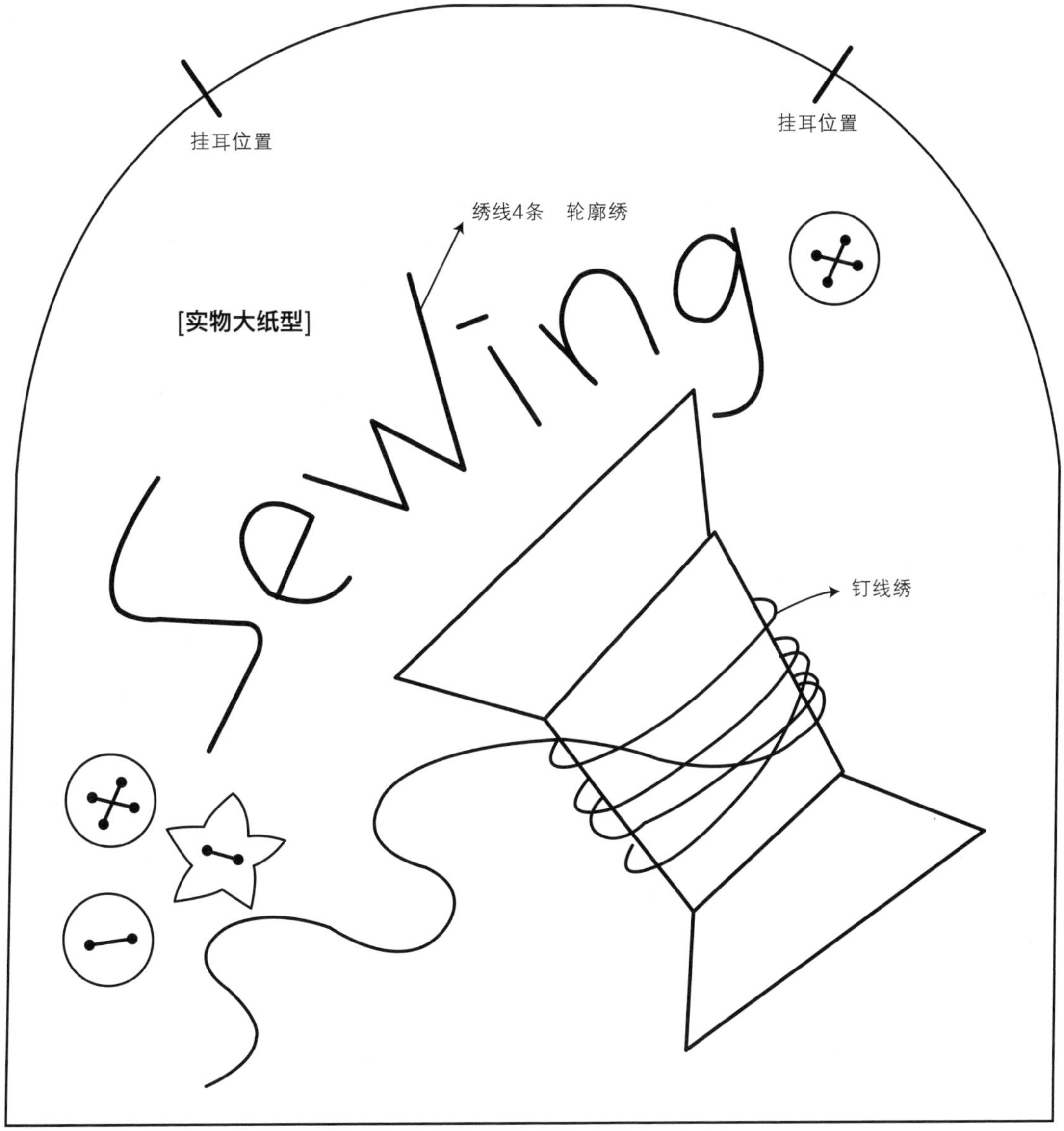
挂耳位置
挂耳位置
绣线4条　轮廓绣
[实物大纸型]
Sewing
钉线绣

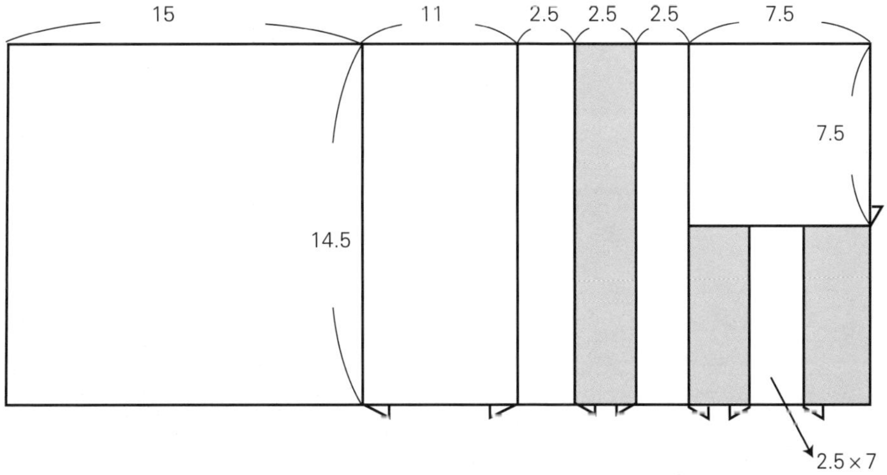
15
11
2.5
2.5
2.5
7.5
7.5
14.5
2.5×7

多彩证件相机包 作品 P44

＊主要材料

4种各色表布6 cm×15 cm各1片
浅色表布20 cm×35 cm1片
里布25 cm×30 cm1片
铺棉25 cm×30 cm1片
水兵带32 cm
皮绳50 cm
木扣2个
磁扣1个

＊完成尺寸

高9 cm、长13 cm、宽3 cm

＊制作顺序

1.将所需布料依照纸型尺寸裁剪好(图1)，外加缝份1 cm。
2.表布如图拼接，将水兵带缝上(图2)。
3.缝好的表布、铺棉两层疏缝固定，并做压线(图3)。
4.压缝好的表布、里布分别正面相对将两侧接缝好(里布一侧需预留返口)，再缝底4 cm，完成表袋、里袋。
5.盖子里布、表布正面相对，与铺棉一起缝合，留返口，缝好将铺棉修小，弧度处剪牙口，从返口翻回正面，装饰压线(图4)。
6.将表袋、里袋正面相对套在一起，中间夹入盖子，两侧夹入皮绳，一起缝合，从返口翻回正面，以藏针缝缝合返口，上口装饰压线一圈。
7.缝上磁扣，袋盖上再装饰木扣(图5)即可。

图1

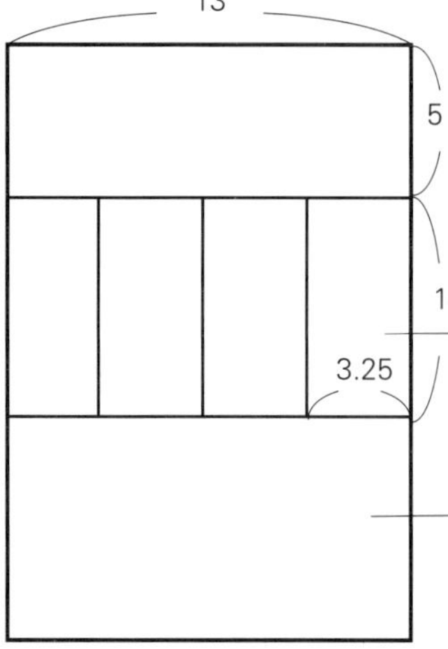

图2

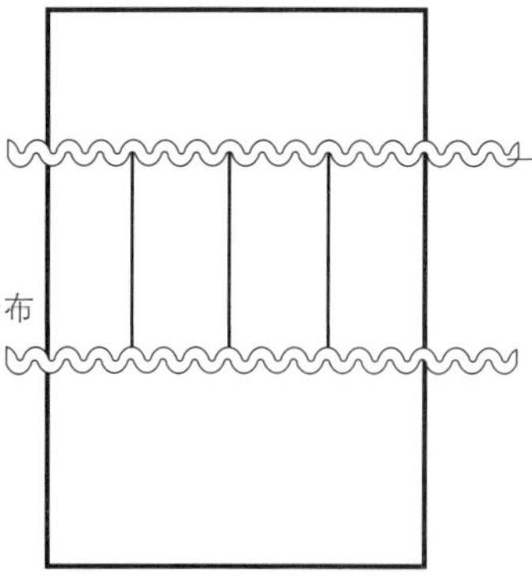

图3

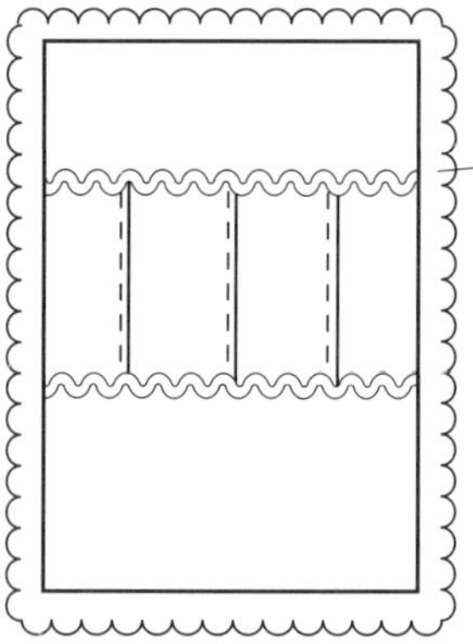

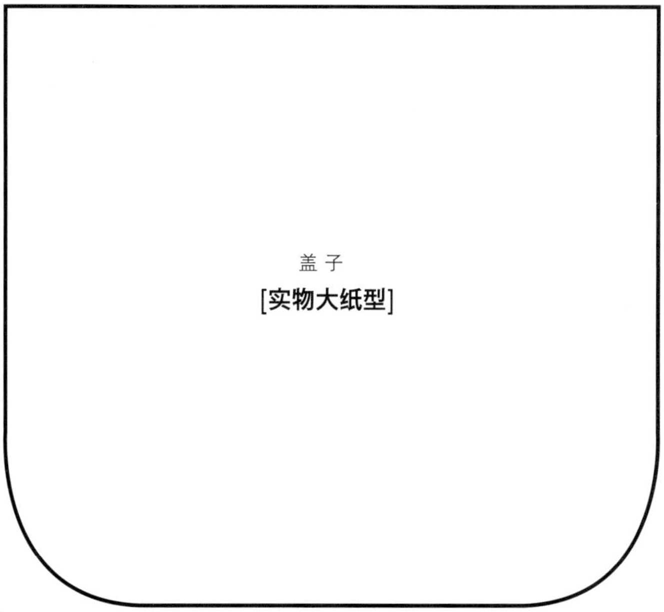

图4

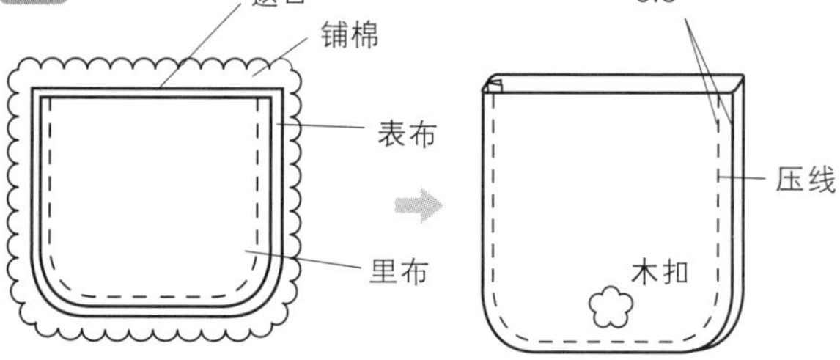

图5

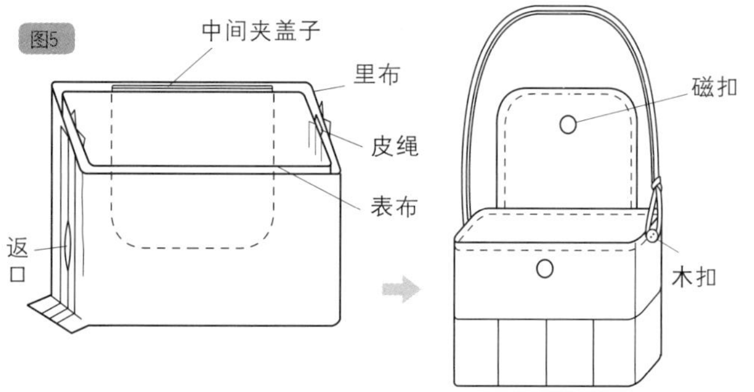

轻便方形小包

作品 P45

＊主要材料

格子布30 cm×35 cm1片
点点布12 cm×20 cm1片
花布10 cm×20 cm1片
里布35 cm×35 cm1片
单胶铺棉35 cm×35 cm1片
滚边布4 cm×65 cm1片
30 cm拉链1条
皮带1组

＊完成尺寸

高13.5 cm、长13.5 cm、宽5 cm

＊制作顺序

1.将格子布、点点布、花布依照纸型尺寸分别裁剪好，如图将裁剪好的表布拼接缝合(图1)。

2.将缝好的表布烫铺棉，与里布三层疏缝固定(图2)。

3.侧边布及拉链布依照纸型尺寸分别裁剪好，烫好铺棉，与里布三层疏缝固定(图3)。

4.拉链布单侧滚边，缝上拉链(图4)。

5.完成的拉链布与侧边布接缝好(图5)，再与步骤2完成的表布接缝，接合处可滚边修饰，拉链头上扣入皮带即可(图6)。

图1

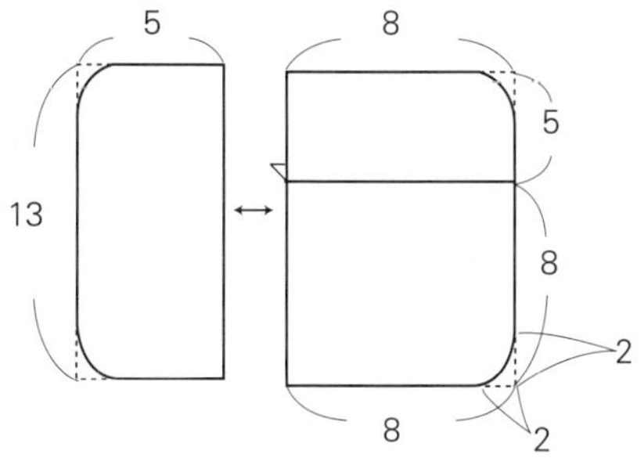

图2

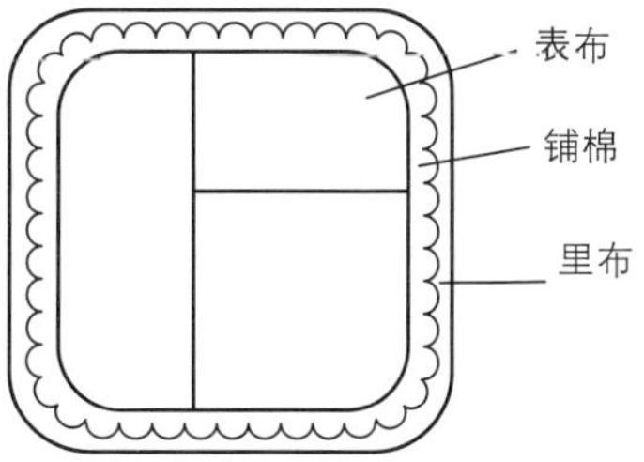

图3

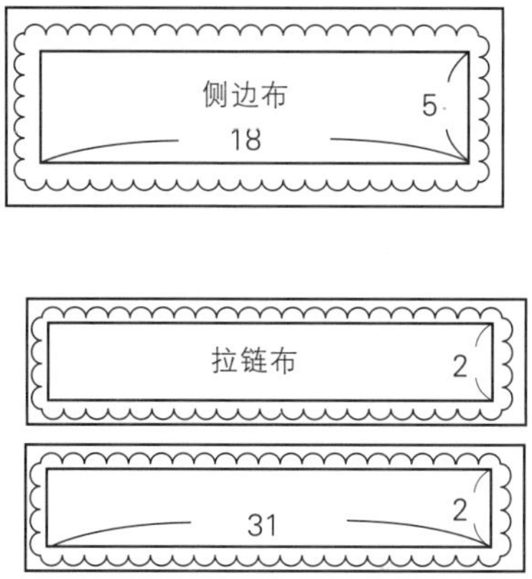

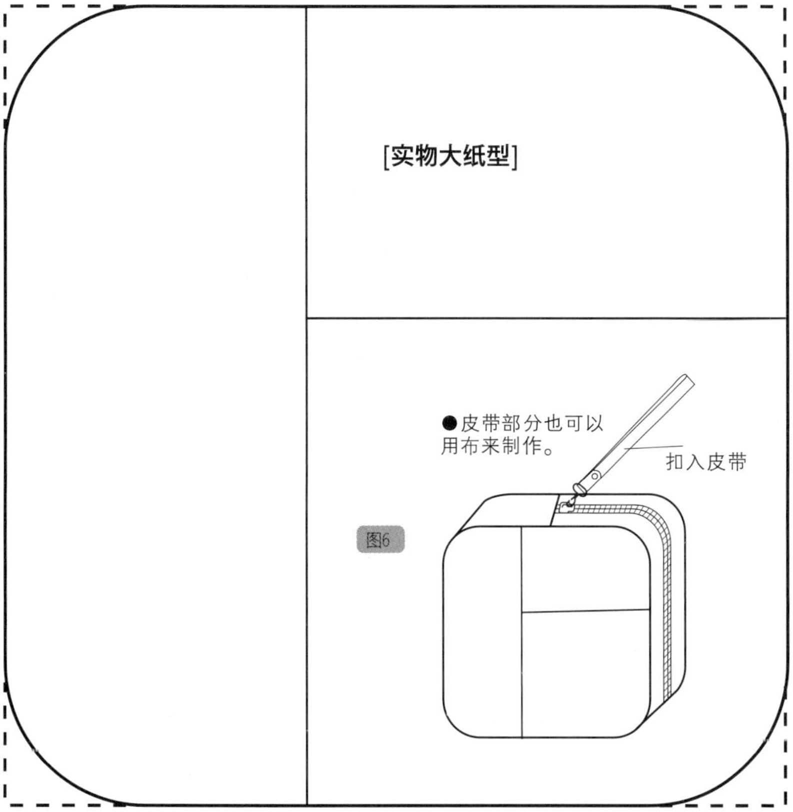

图4

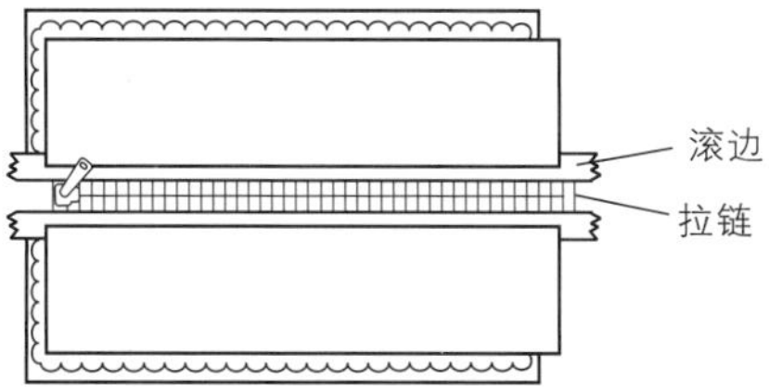

图5

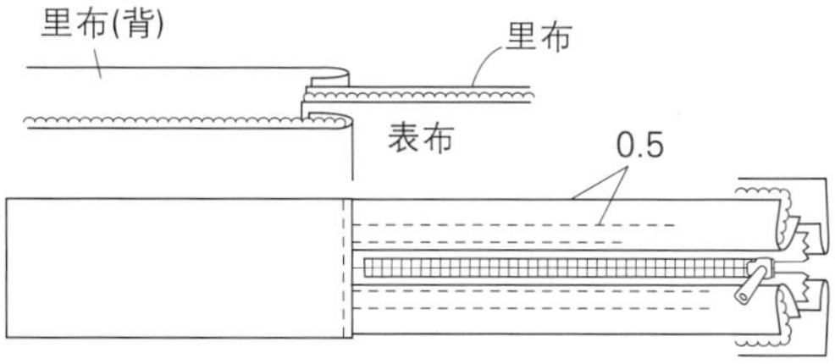

学院风一字口金包 作品 P53

＊主要材料

表布(格子布)10 cm×25 cm1片
表布(碎花布)15 cm×25 cm1片
里布22 cm×26 cm1片
单胶铺棉22 cm×26 cm1片
蕾丝30 cm
10 cm一字形口金1个

＊完成尺寸

高9 cm、长13 cm、宽4 cm

＊制作顺序

1.依照纸型将表布、里布及铺棉裁剪好。
2.将裁剪好的表布拼接缝合(图1)，烫上铺棉，将蕾丝置于接合处再缝合(图2)。
3.将表布、里布及铺棉三层疏缝固定，转角处剪牙口，翻至正面(图3)。
4.将步骤3所完成的部分对折，然后缝合两侧，修剪中间铺棉，两侧收边进行藏针缝，再折袋底4~5 cm(图4)。
5.将口金固定于上口处(图5)即可。

图1

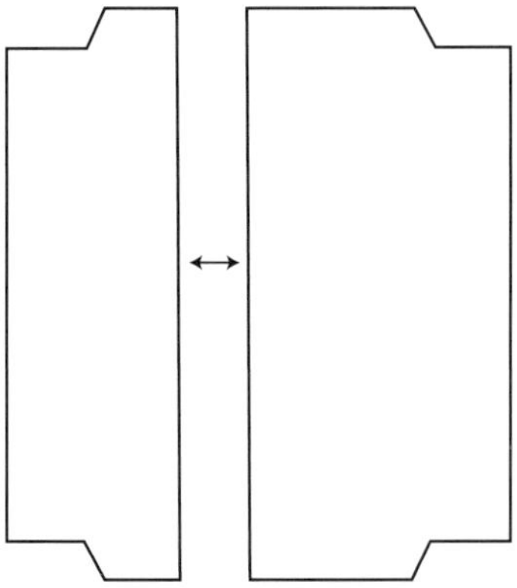

图2

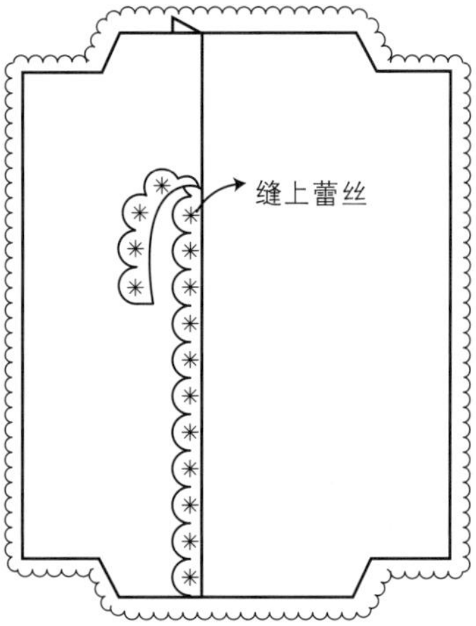

图3

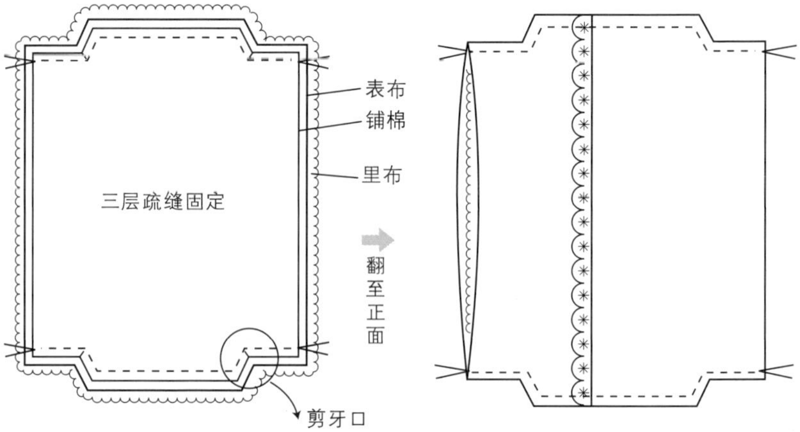

图4

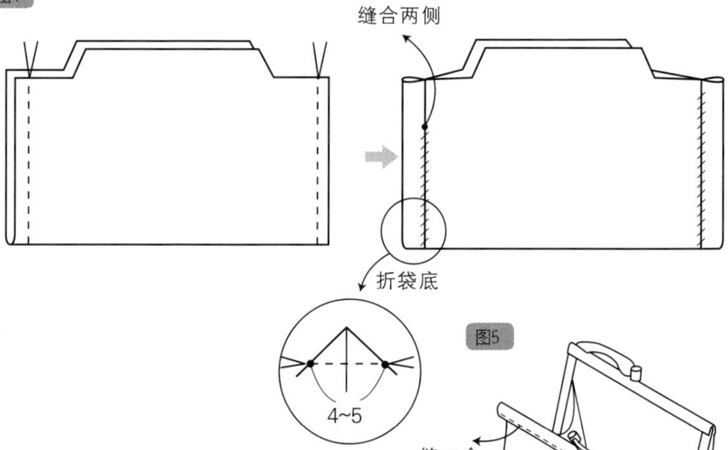

图5

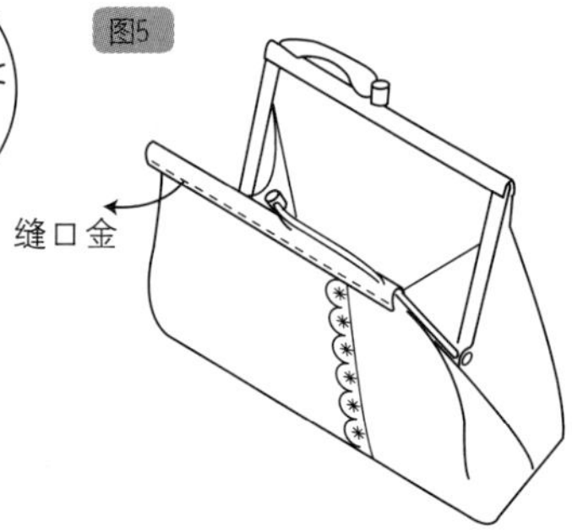

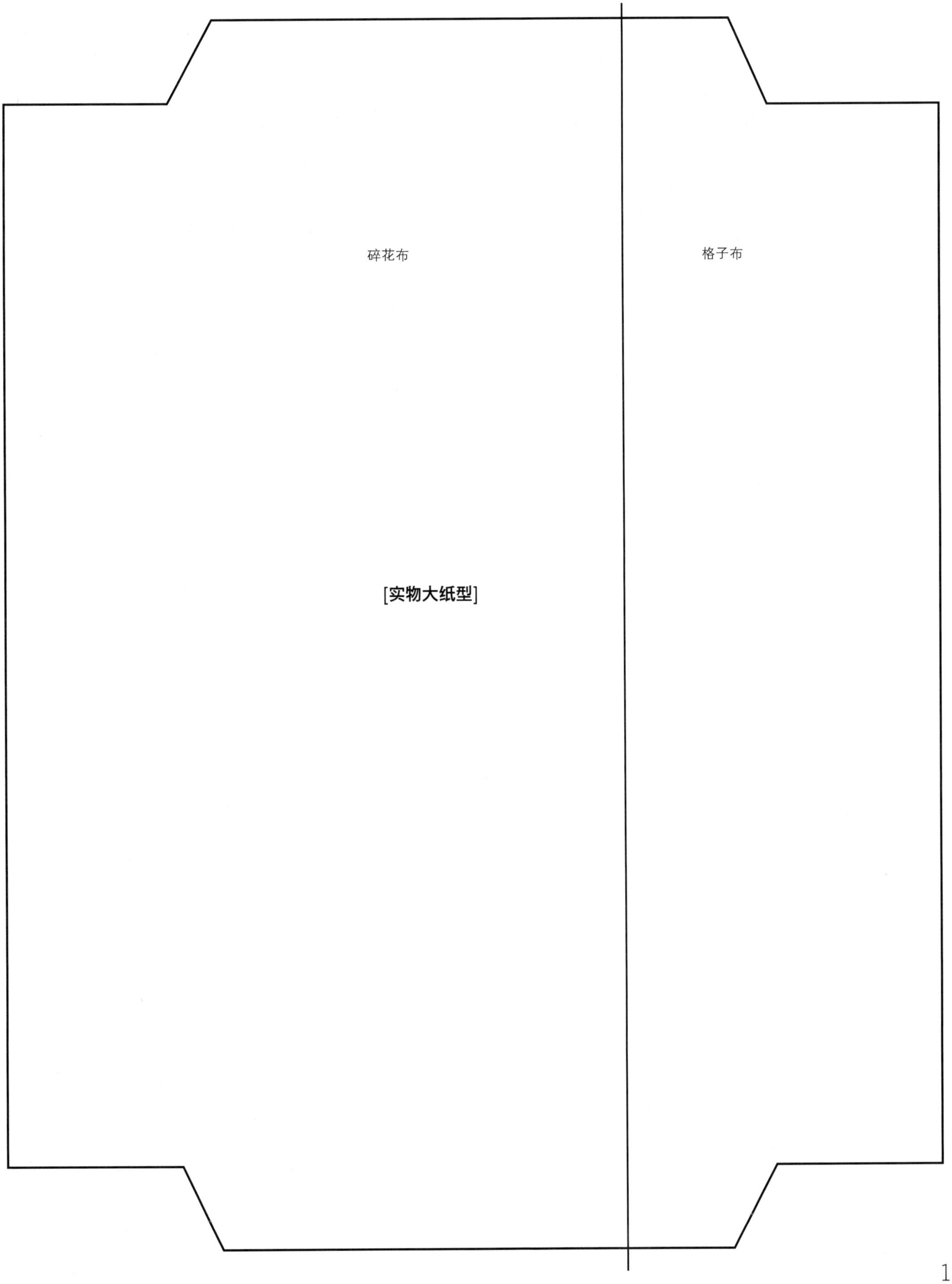
碎花布
格子布
[实物大纸型]

半圆形口金包

作品 P52

＊主要材料

表布(素麻布)16 cm×22 cm1片

里布16 cm×22 cm1片

铺棉16 cm×22 cm1片

10 cm半圆形口金1个

1 cm纽扣3个

黑、白色绣线各少许

＊完成尺寸

高10 cm、长12 cm、宽3.5 cm

＊制作顺序

1.将表布、里布、铺棉依照纸型裁剪好，并将表布参照附图复写上图案。

2.将表布与铺棉疏缝固定，再用绣线将图案绣好，缝上扣子(图1)。

3.表布与里布对折后缝合两侧，再折袋底3 cm(图2)。

4.将表袋与里袋正面相对套在一起，缝合上口，留返口，由返口翻回正面，将返口以藏针缝缝合，再装饰压线(图3)。

5.将口金固定于上口处(图4)即可。

图1

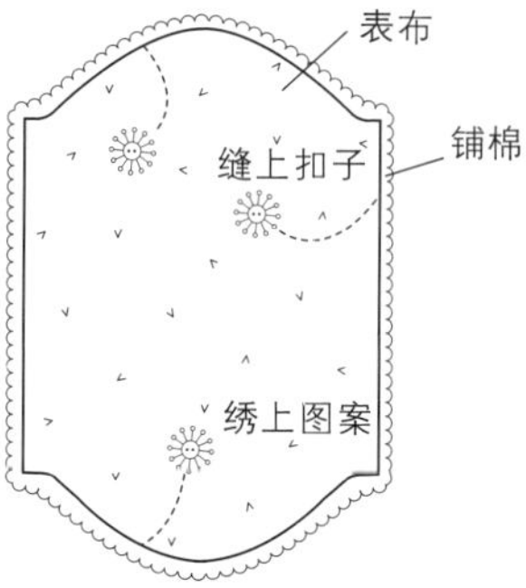

图2

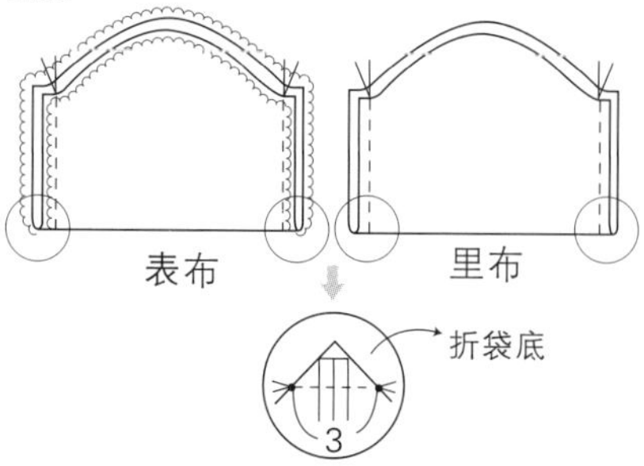

图3

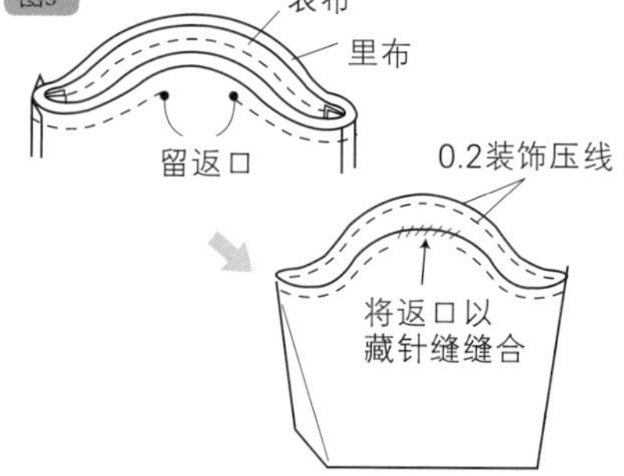

图4

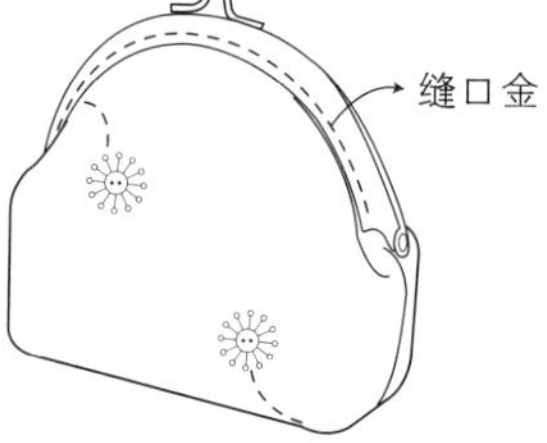

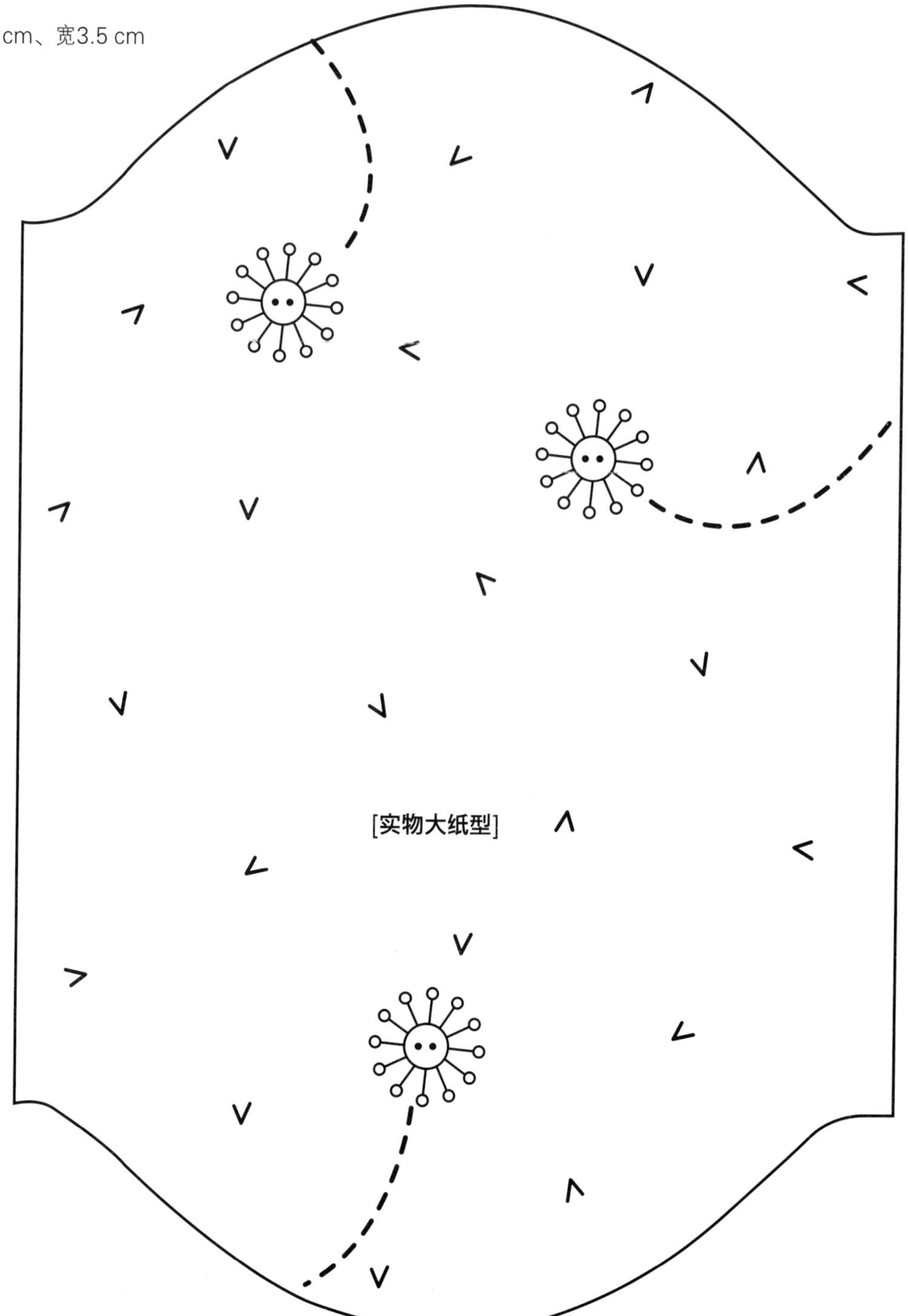

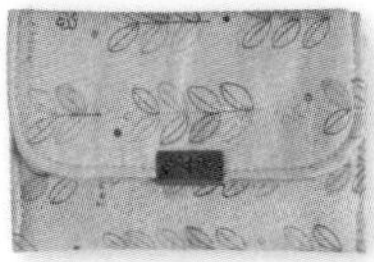

简易式钥匙卡片包 作品 P54

＊主要材料

表布13 cm×23 cm1片

里布13 cm×30 cm1片

单胶铺棉12 cm×20 cm1片

钥匙五金1组

压扣(或魔鬼毡1 cm×2 cm)1组

布标1片

＊完成尺寸

高7 cm、长10 cm

＊制作顺序

1.将表布、里布依照纸型尺寸裁剪(图1)，外加缝份0.7 cm。

2.内袋夹层部分先对折缝好，装饰压线(图2)。

3.表布烫衬；表布、里布正面相对，夹入步骤2完成的内袋夹层，接缝，留返口，翻回正面(图3)。

4.返口以藏针缝缝合，再装饰压线。

5.钉铜扣将钥匙五金固定好(图4)，缝上压扣或魔鬼毡(图5)即可。

●选择素色布制作时，加上布标有加分效果。

图1

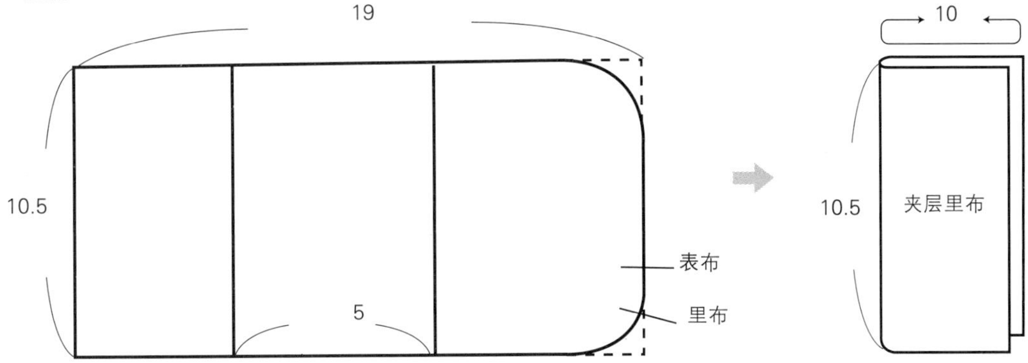

图2

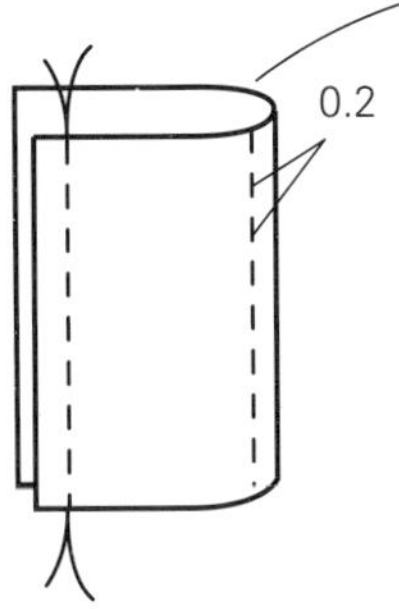

图3

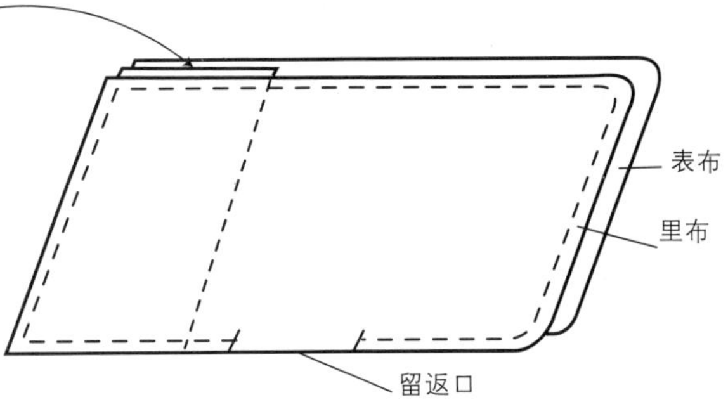

图4

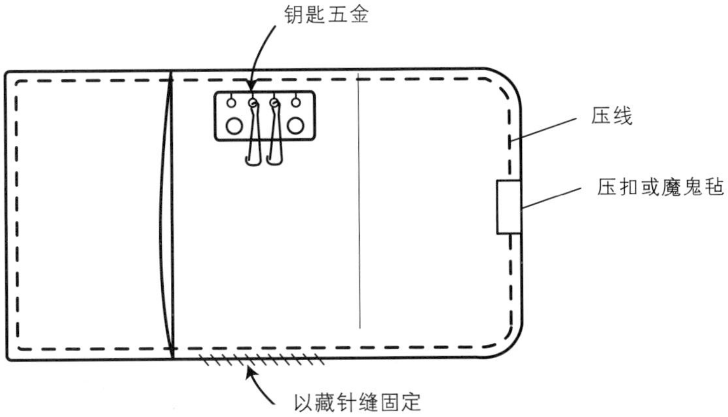

图5

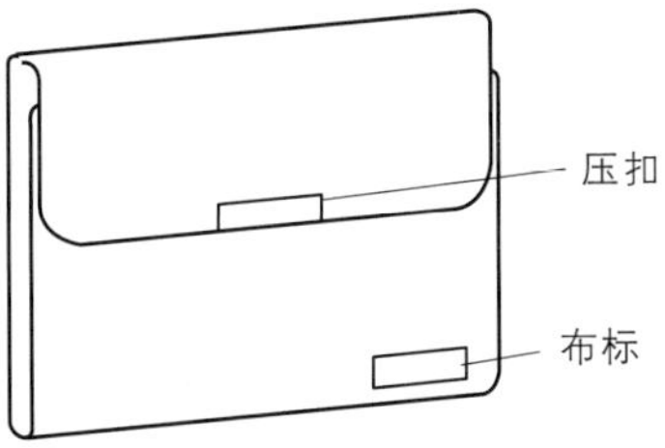

玫瑰花首饰包 作品 P55

＊主要材料

素色表布15 cm×15 cm1片
11种花布7 cm×10 cm各1片
里布15 cm×30 cm1片
铺棉15 cm×30 cm1片
滚边布4 cm×60 cm1片
皮绳40 cm
磁扣2组
棉花少许

＊完成尺寸

高9 cm、长12 cm

＊制作顺序

1.将表布、花布依照纸型裁剪好，外加缝份1 cm。
2.依照顺序将花布及表布拼接完成(图1)。
3.将缝好的表布、铺棉与里布三层疏缝固定并压线(图2)。
4.制作内里部分分别完成戒台、束口袋与夹层(图3)。
5.将完成的戒台、束口袋与夹层放在步骤3完成的布片上，留意戒台缝磁扣处朝下，滚边一圈，并于戒台磁扣的相对位置缝上扣台(图4)。
6.于内里位置缝上另一组磁扣(图5)即可。

图1

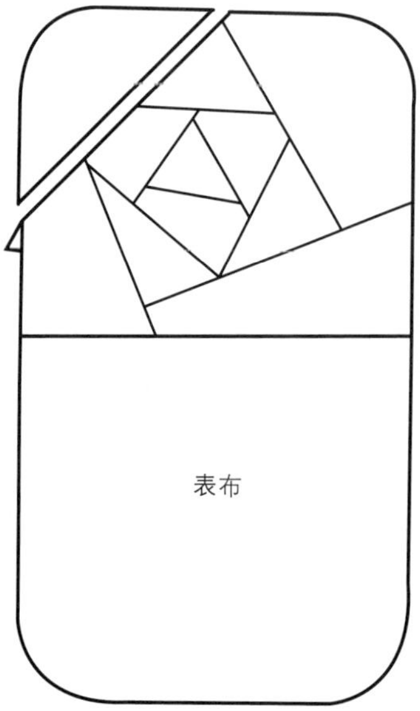

图2

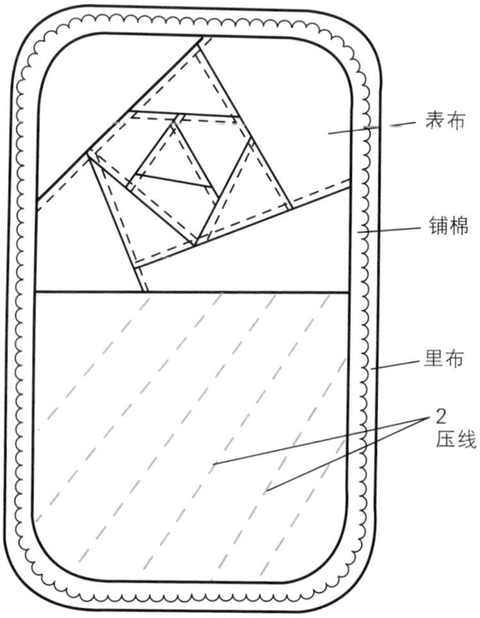

图3

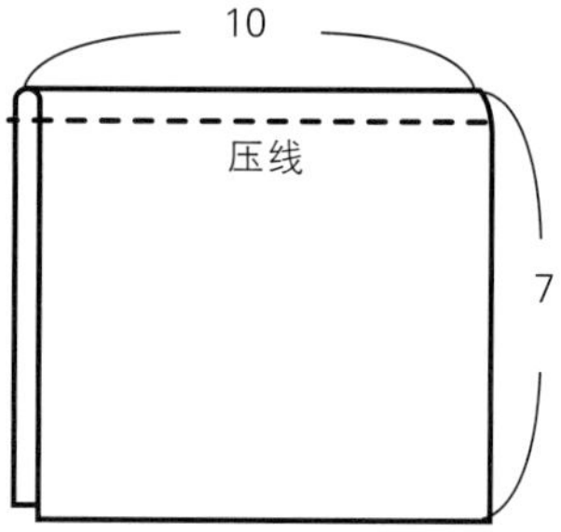

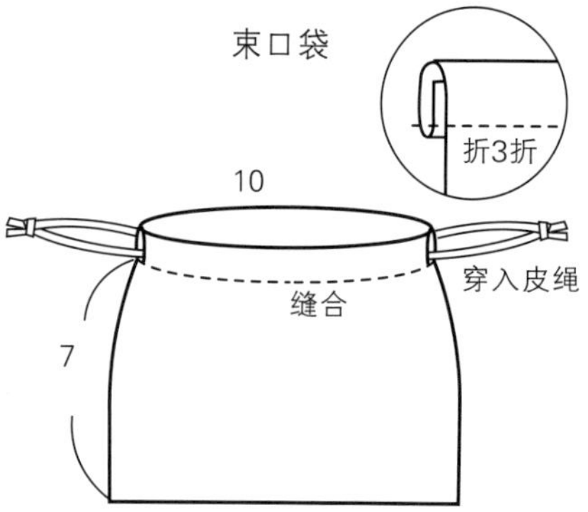

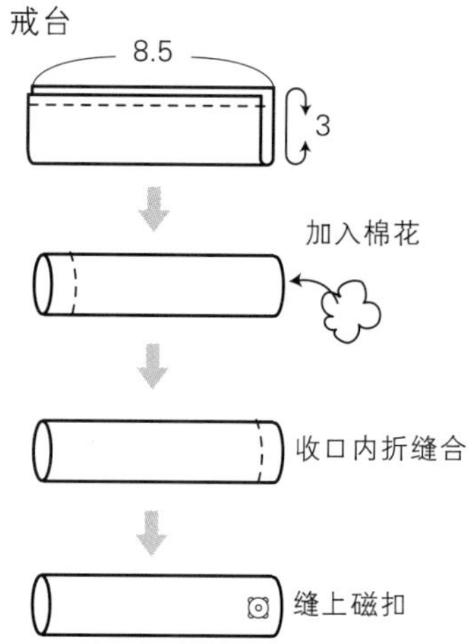

●拼接时要按照顺序。

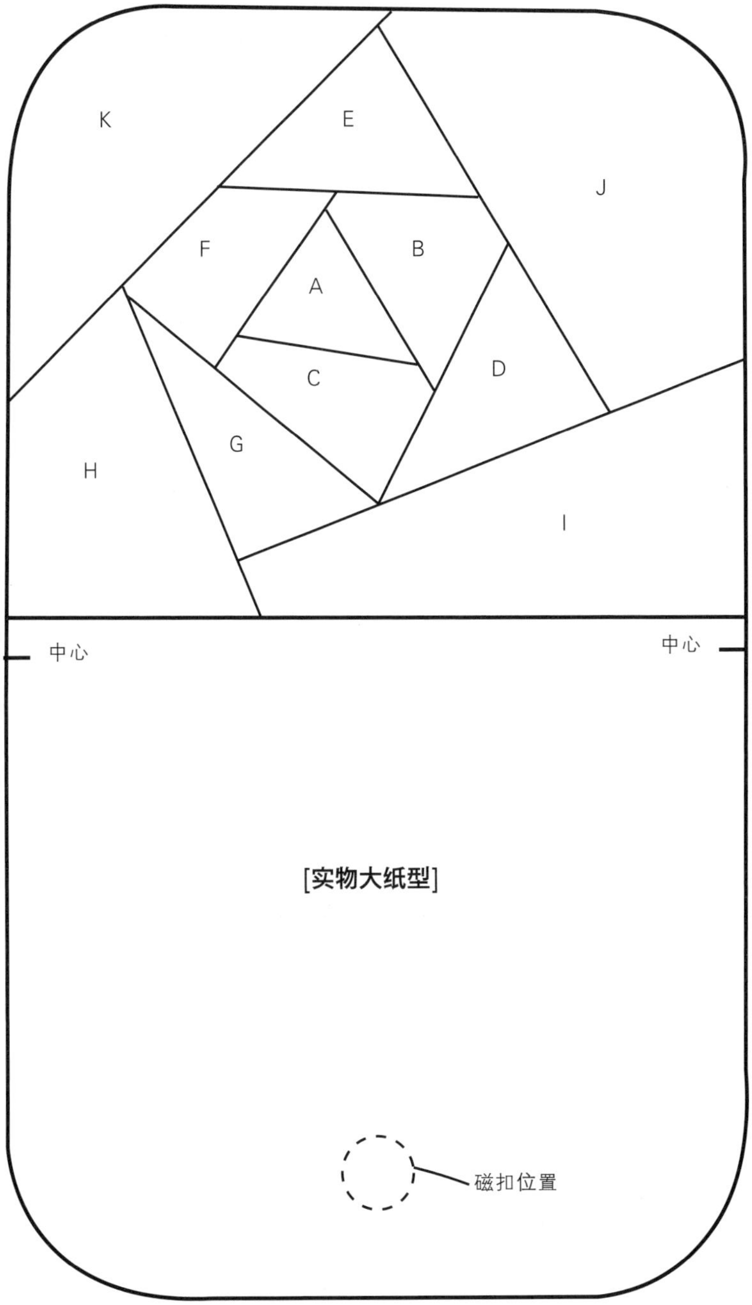

图4

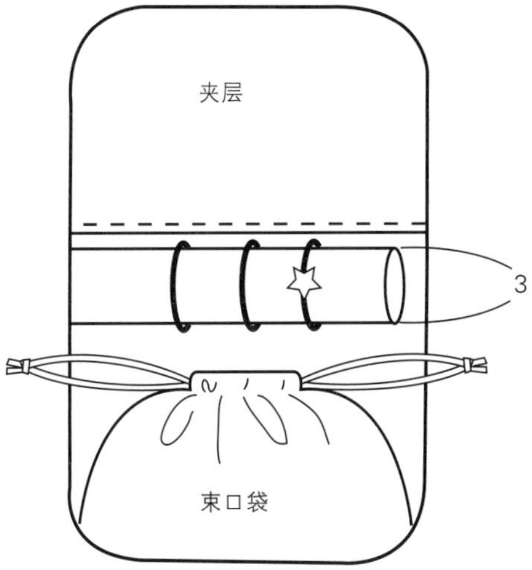

图5

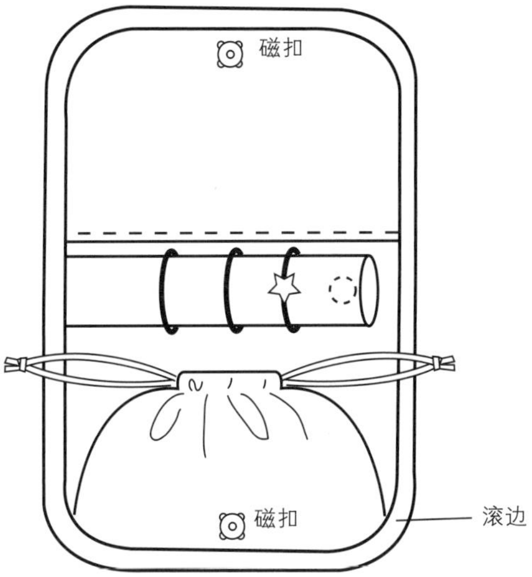

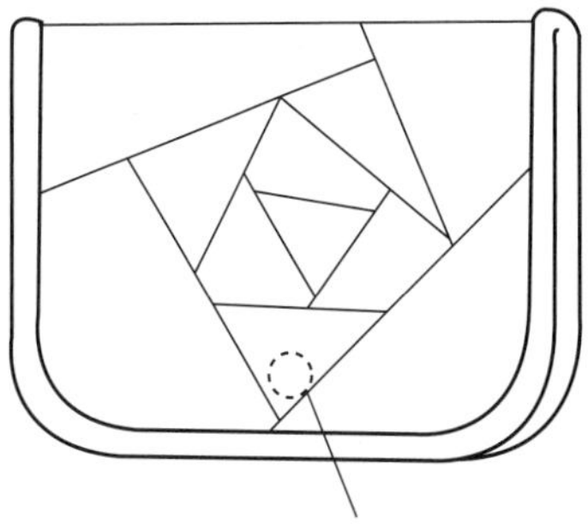

冂形双层口金零钱包

作品 P56

＊主要材料

表布(素麻布)19 cm × 19 cm1片
表布(圆点麻布)14 cm × 19 cm1片
里布26 cm × 40 cm1片
铺棉19 cm × 40 cm1片
蕾丝40 cm
12 cm冂形双层口金1个
各色绣线适量

＊完成尺寸

高7.5 cm、长11 cm、宽4 cm

＊制作顺序

1.将所需的表布、里布、铺棉依照纸型裁剪好，并将表布刺绣的图案用布用复写纸复写到表布的正面。

2.先将裁剪好的表布接缝组合，并将图案依照颜色绣好，再与铺棉疏缝固定，在拼接处缝上蕾丝(图1)。

3.将表布及夹层分别如图缝合袋底、上口及侧边，将夹层翻至正面。

4.里布与夹层正面相对套在一起，缝合侧边，留返口，缝合袋底(图2)。

5.将表袋与里袋正面相对套在一起，缝合上口，由返口翻回正面，以藏针缝缝合返口(图3)。

6.最后缝上口金(图4)即可。

图1

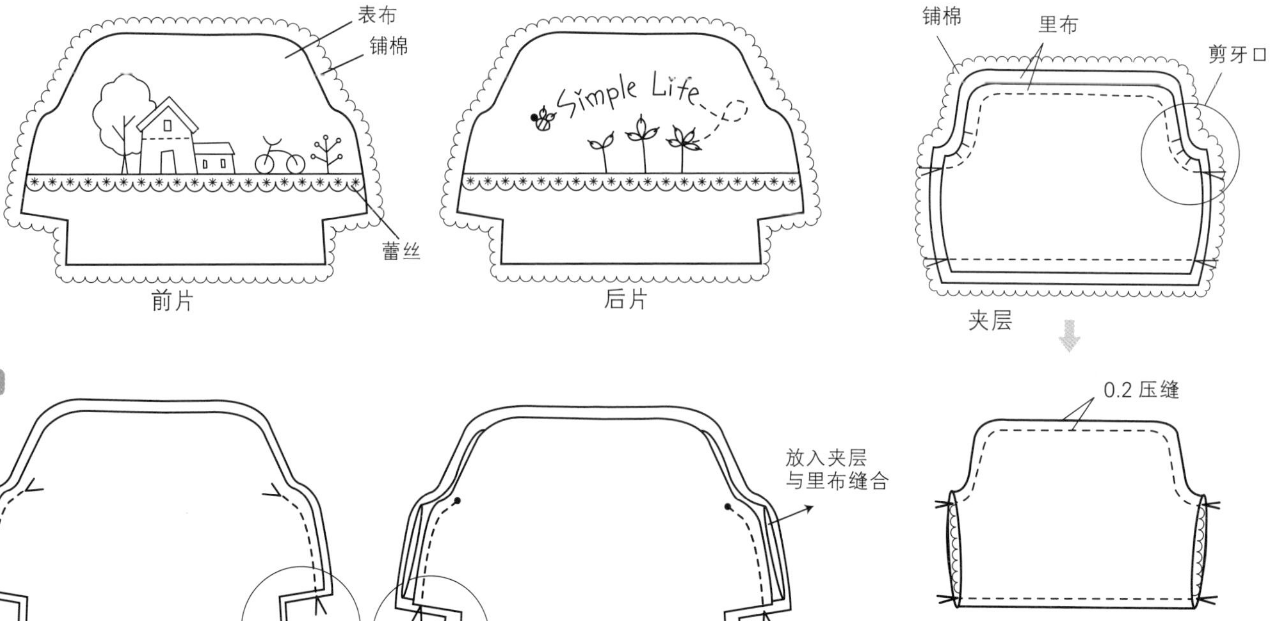

图2

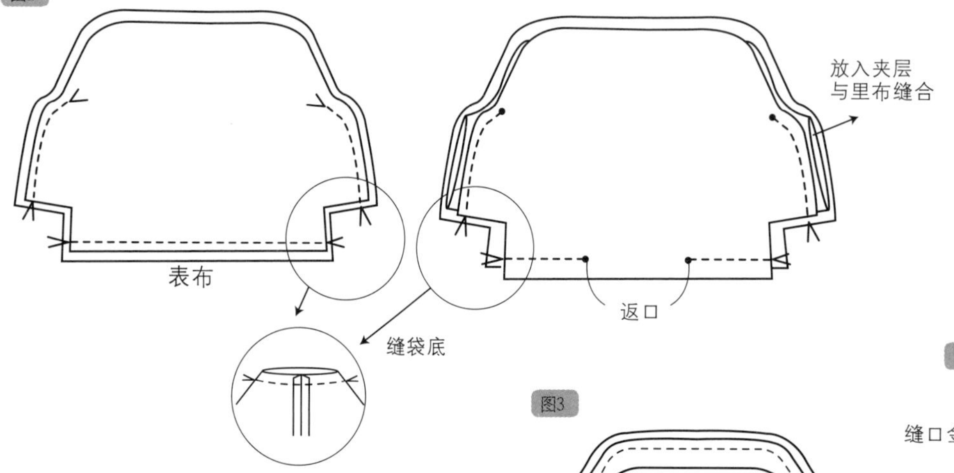

图3

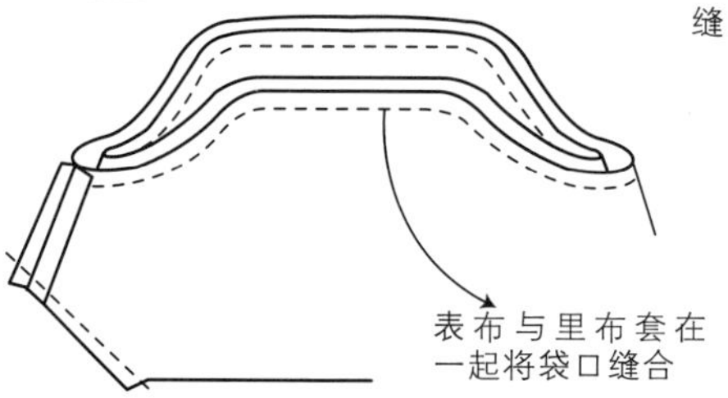

图4

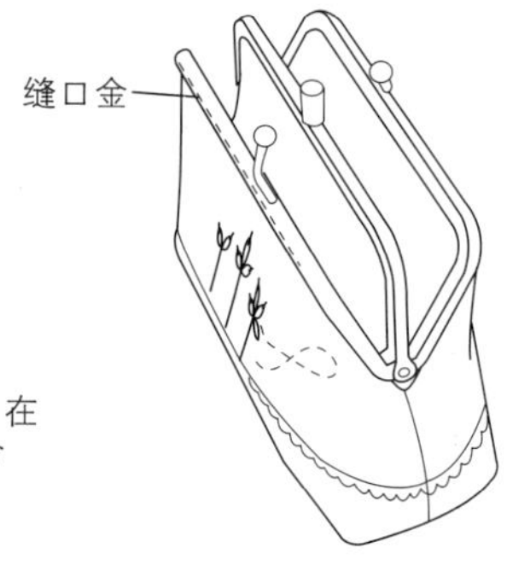

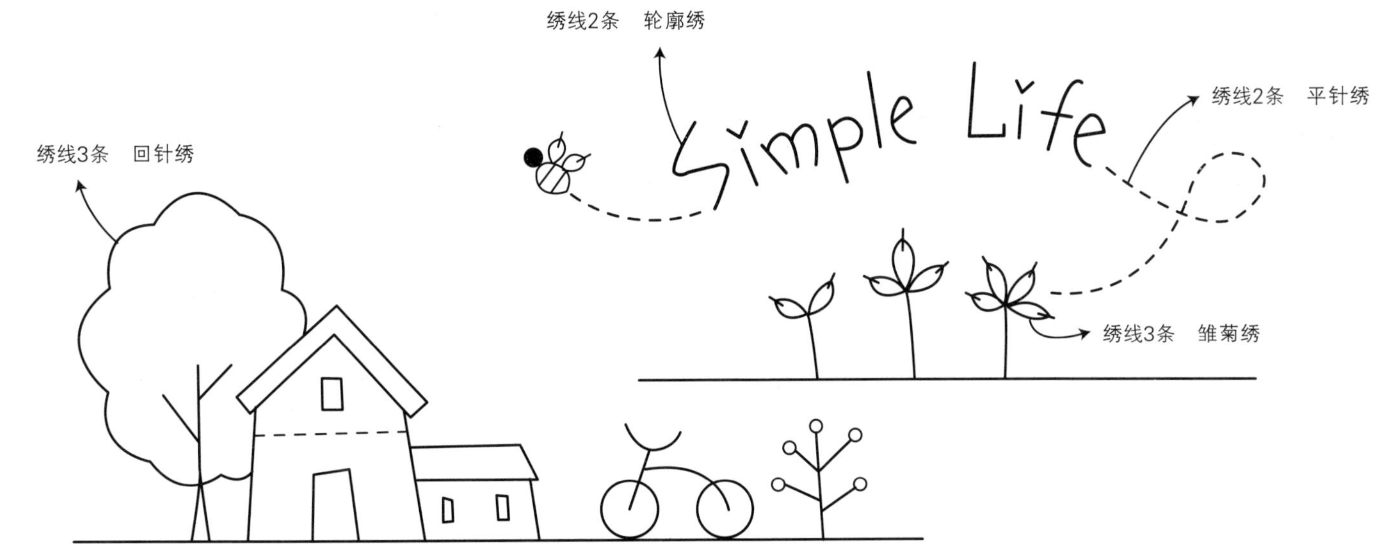
绣线2条　轮廓绣
Simple Life
绣线2条　平针绣
绣线3条　回针绣
绣线3条　雏菊绣

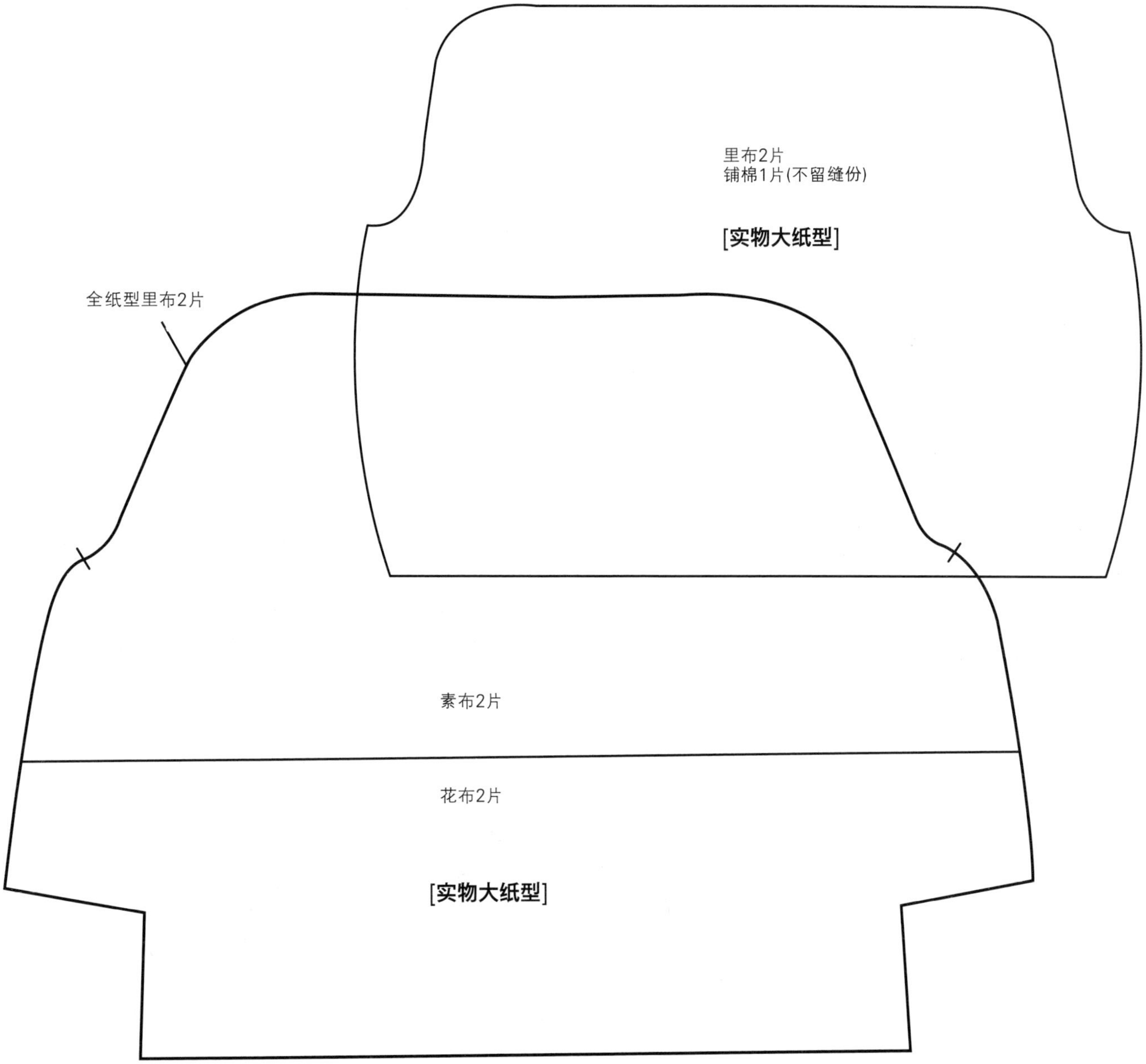
里布2片
铺棉1片(不留缝份)
[实物大纸型]
全纸型里布2片
素布2片
花布2片
[实物大纸型]

铜板包

作品 P58

＊主要材料

表布18 cm×35 cm1片

里布18 cm×35 cm1片

魔鬼毡1.5 cm×2 cm

皮制标签1个

＊完成尺寸

高5.5 cm、长13 cm

● 此袋除了可当名片袋、零钱包，用作筷袋也很适合，如果对步骤4内折的尺寸加以变化，可以做出具有不同功能的袋子。

＊制作顺序

1. 将表布、里布依照纸型尺寸裁剪好，外加缝份1 cm。
2. 表布与里布正面相对缝好，留返口(图1)。
3. 由返口处翻回正面，以藏针缝缝好返口，沿边0.2 cm压缝装饰线(图2)。
4. 两长端往内折，底部缝份0.5 cm缝合，翻至正面，分别于表袋及里袋相对位置缝上魔鬼毡，表面装饰缝上皮制标签(图3)即可。

图1

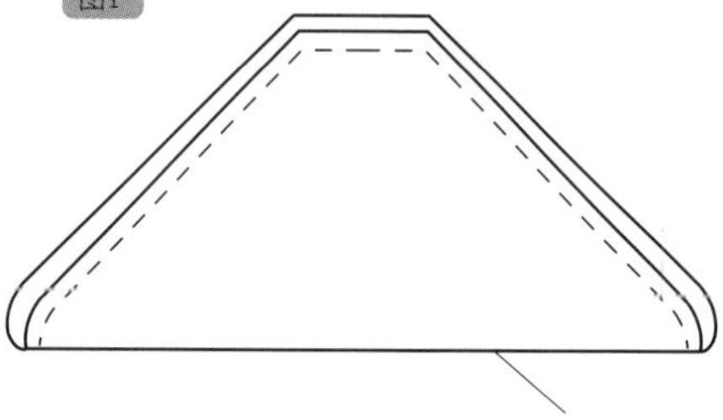

图2

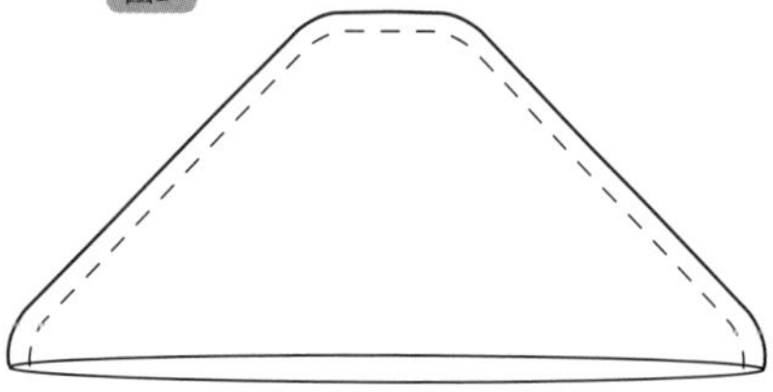

图3

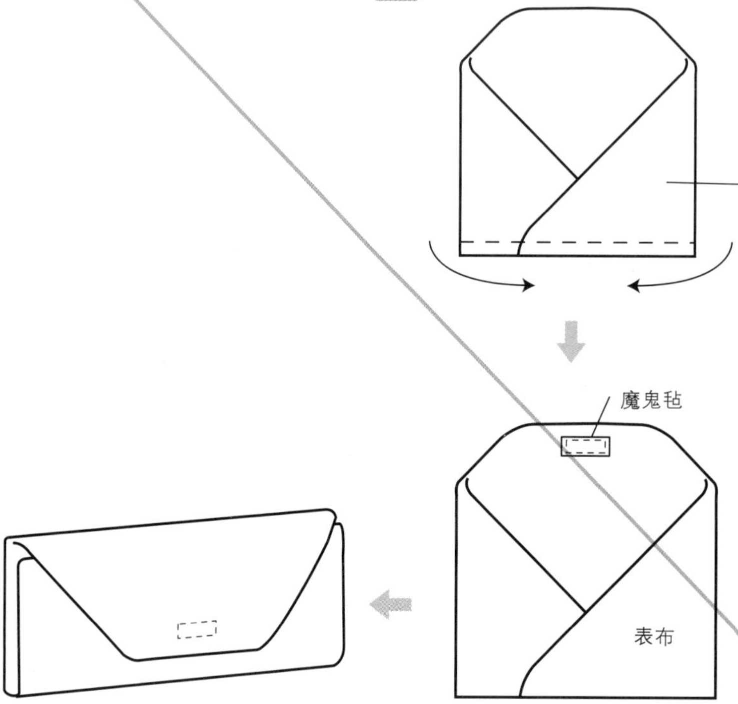

[实物大纸型]

折

双

编织口金包

作品 P59

＊主要材料

表布36 cm×50 cm1片
里布23 cm×30 cm1片
单胶铺棉15 cm×23 cm1片
滚边布4 cm×50 cm1片
10 cm一字形三角框口金1个

＊完成尺寸

高6 cm、长9.5 cm、宽5.5 cm

＊制作顺序

1.将所需布料依纸型尺寸裁剪好。
2.表布背面画2 cm方格子，由A点缝到B点拉紧(图1)，缝好后表布会缩皱(图2)，缝至表布所需尺寸，将缩皱整形烫平。
3.缝好表布烫铺棉，与里布正面相对，缝合上下边(图3)。
4.修剪缝合好上下边铺棉，翻至正面。
5.侧面表布烫铺棉，与里布正面相对于上方两侧缝合，翻回正面于上口装饰压线(图4)。
6.完成的侧面与步骤4所完成的部分进行组合滚边，缝上口金(图5)即可。

●简单的格式缝法可以创造出藤编的感觉。

图1

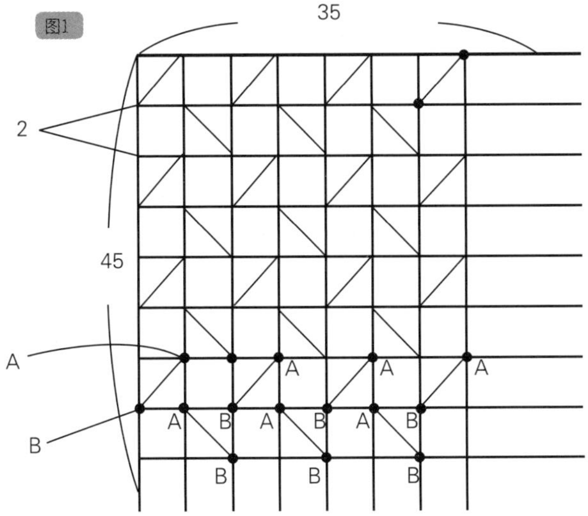

图2

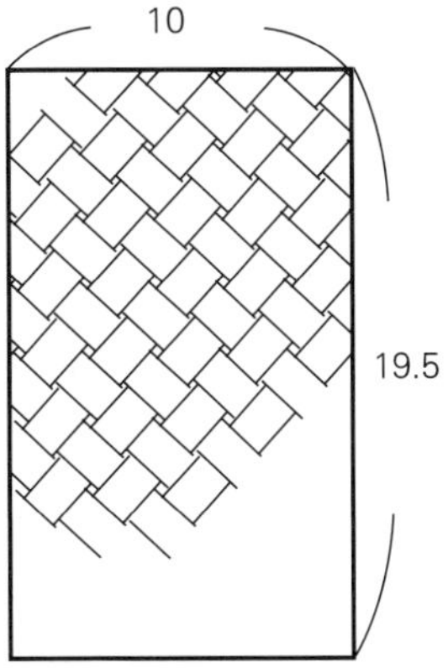

图3

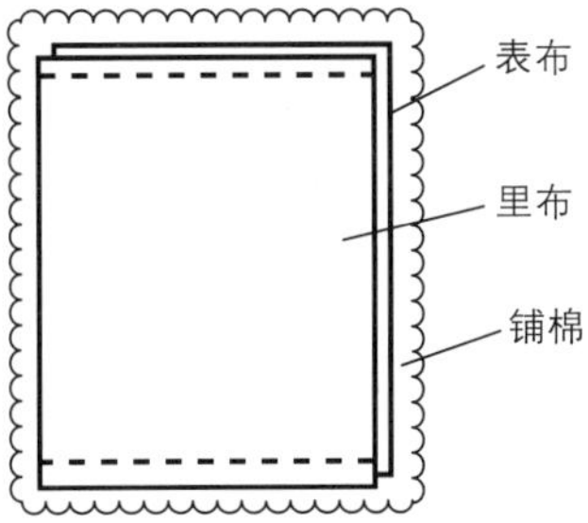

图4

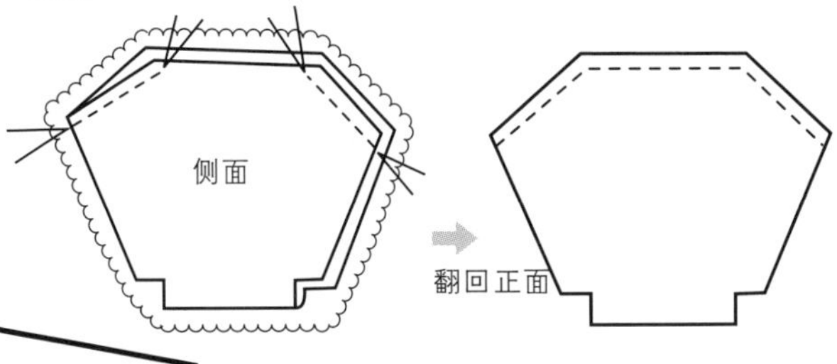

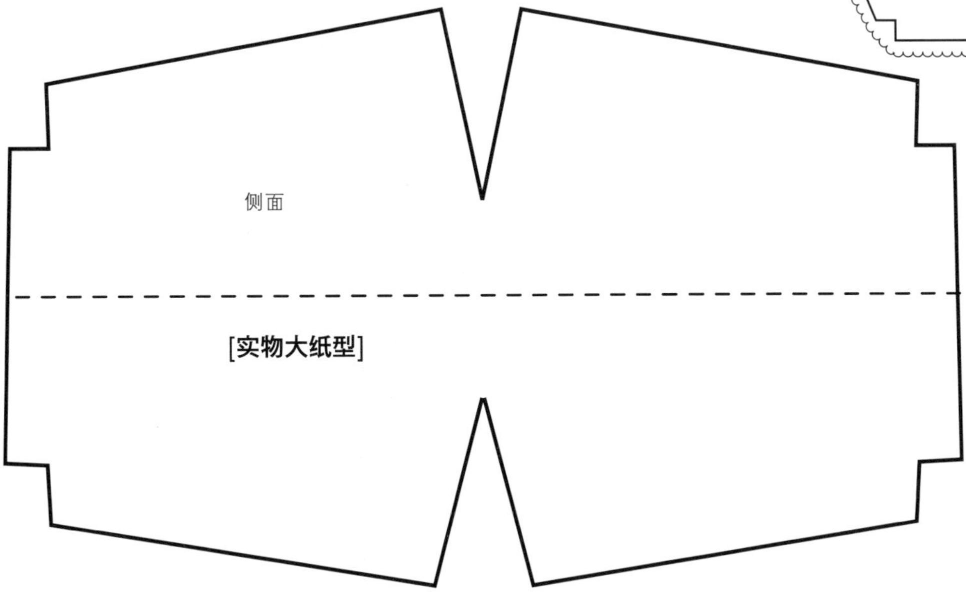

图5

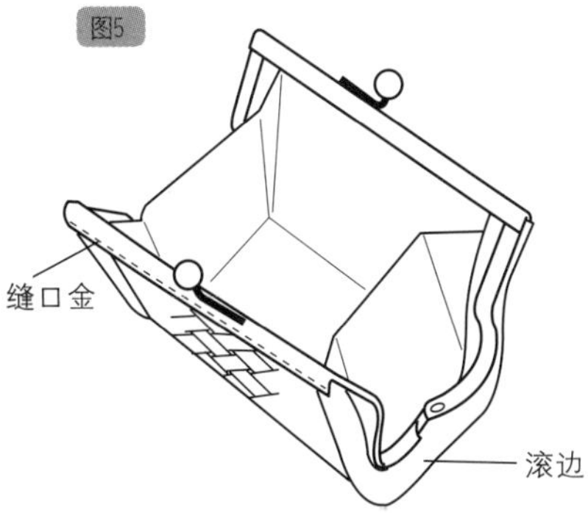

图书在版编目（CIP）数据

手缝零钱包/李爱田，王雯霞著．—郑州：河南科学技术出版社，2012.6
ISBN 978-7-5349-5594-5

Ⅰ．①手⋯ Ⅱ．①李⋯ ②王⋯ Ⅲ．①布料-手工艺品-制作 Ⅳ．①TS973.5

中国版本图书馆CIP数据核字（2012）第077402号

出版发行：河南科学技术出版社
地址：郑州市经五路66号　邮编：450002
电话：（0371）65737028　65788613
网址：www.hnstp.cn
策划编辑：李　洁
责任编辑：李　洁
责任校对：杨　莉
责任印制：朱　飞
印　　刷：北京盛通印刷股份有限公司
经　　销：全国新华书店
幅面尺寸：210 mm×265 mm　印张：8　字数：150 千字
版　　次：2012年6月第1版　2012年6月第1次印刷
定　　价：38.00元

Memo

Memo